できスタ Vol.2
CONTENT MARKETING

できるところからスタートする
コンテンツマーケティング
の手法 **88**

敷田憲司
岡崎良徳
岸 智志
納見健悟
共著

エムディエヌコーポレーション

はじめに

　本書は、WebサイトやWebサービスを運営する方、マーケティングを担当する方に向けて、広範なWebマーケティングの中でも、重要な施策の一つである「コンテンツマーケティング」に焦点を当て解説したものです。

　本書のシリーズ1冊目となる『できるところからスタートする　コンバージョンアップの手法99』（2018年5月刊）でも解説していますが、Webサイトで種々のマーケティングを行う最大の目的は「成約＝コンバージョン」を上げることにあります。

　コンバージョンを上げるためには、自社のビジネスやサービスとユーザーに対する「深い理解」が肝要です。ユーザーを理解した上で「適切なコンテンツ」や機能を提供し、その上で指標を設定して計測・分析を「継続的に」行うことが、コンバージョンアップには欠かせないのです。

　私がWebマーケティングの現場でクライアントのみなさんと接していて感じるのは、Webサイトを運営する方の多くは、自社のビジネスやユーザーを理解されてはいるのですが、ターゲット（ユーザー）に対して「適切なWebコンテンツ」を具体化できない悩みを抱えているということです。

　本書の解説は、SEOの基本やコンテンツページの分析はもちろん、オウンドメディアを例にしたBtoB、BtoCそれぞれの文章ライティングのノウハウや、SEOを意識したWebサイトの制作面の強化ポイント、さらにはリスティング広告を使ったユーザーの誘導、集客と多岐に渡ります。

　また、本書を読んだ方が、自社のユーザーにとって「適切なWebコンテンツ」

がどんなものかわからない、うまく落とし込めないといった悩みを解決できるよう、一つ一つの理解を深めた上でコンテンツを作成し、改善策を実行できるようになるまでを目指して執筆しました。

コンテンツマーケティングに潤沢な予算を避けないといった状況でも実行できる有益な知識や知恵をたくさん盛り込んでいます。

ぜひ「できるところから」読んで試していただくとともに、本書がWebマーケティングを行う方のお役に立ち、コンテンツマーケティングの目的達成と活性化の一助となればうれしい限りです。

2018年10月
執筆者を代表して
敷田憲司

© 2018 Kenji Shikida, Yoshinori Okazaki, Satoshi Kishi, Kengo Noumi. All rights reserved.

本書は著作権法上の保護を受けています。
著作権者、株式会社エムディエヌコーポレーションとの書面による同意なしに、
本書の一部或いは全部を無断で複写・複製、転記・転載することは禁止されています。

本書に掲載した会社名、プログラム名、システム名、サービス名等は一般に各社の商標または登録商標です。
本文中では™、®は必ずしも明記していません。

本書は2018年10月現在の情報を元に執筆されたものです。これ以降の仕様等の変更によっては、
記載された内容(技術情報、固有名詞、URL、参考書籍など)と事実が異なる場合があります。
本書をご利用の結果生じた不都合や損害について、著作権者及び出版社はいかなる責任を負いません。

目次

はじめに 002

Chapter 1

コンテンツマーケティングとSEOの基本　009

01 SEOの基本的な考え方 010

02 SEOとコンテンツマーケティング 012

03 ソーシャルメディア時代の自然リンク獲得術 014

04 効果測定を行ってPDCAに活かそう 017

05 目的に合ったKGI・KPIを設定しよう 019

06 Google Analyticsを効率的に使うポイント 022

07 問い合わせや電話の件数を計測しよう 025

08 Search Consoleで、まず設定すべき項目 029

09 個別記事のステータスを把握してリライトにつなげる 032

10 順位測定ツールを導入しよう 034

11 ヒートマップを活用した事実に基づくサイト改善 036

12 マイナスのSEO施策①−自演・有料バックリンク 038

13 マイナスのSEO施策②−コピーコンテンツの掲載 040

14 マイナスのSEO施策③−情報量の少ないページ 042

Chapter 2
オウンドメディアとコンテンツ作成 045

- 15 オウンドメディアとは？ 046
- 16 オウンドメディアの分類 048
- 17 コーポレートサイトとコンテンツの位置づけ 051
- 18 BtoB向けのコンテンツマーケティング 054
- 19 ビジネスとマーケティングの関係を「見える化」する 057
- 20 コンテンツから問い合わせまでの導線を計画する 060
- 21 少額のサービスをつくり、購入のハードルを下げよう 062
- 22 ライフタイムバリューを効果測定・予算化に活かす 064
- 23 マイクロコンバージョンでユーザー動向を可視化する 066
- 24 ペルソナを作成して顧客イメージを共有する 068
- 25 競合に勝てるキーワードの探し方 071
- 26 BtoB向けはオリジナルの記事をつくりやすい 074
- 27 ワンソースマルチユースを徹底して省力化を図る 076
- 28 既存コンテンツのリライト①—計測結果の活用方法 079
- 29 既存コンテンツのリライト②—具体的な進め方 081
- 30 分業のススメ①—企画と構成に沿った執筆依頼 084
- 31 分業のススメ②—初心者への執筆依頼 086
- 32 ユーザーの理解度に応じてコンテンツを改善する 089
- 33 BtoC向けのコンテンツマーケティング 092
- 34 BtoC向けオウンドメディアのつくり方 094
- 35 BtoC向けオウンドメディアの企画 096
- 36 BtoC向けコンテンツのコンセプトメイキング 098
- 37 BtoCに向けたコンテンツの構成 100

38	BtoC向けの商品・サービスページ	102
39	BtoC向けメディアのSEOのポイント	104
40	記事を読みやすくするデザインのポイント	106
41	シェアされやすいコンテンツづくりのポイント	110

Chapter 3

SEOで効果を上げるライティング術

113

42	外注を活用したコンテンツ制作のポイント	114
43	Webサイトの文章を執筆する手順	118
44	文章の目的を考えれば、執筆がグッと楽になる!	120
45	ターゲットを決めて的確に情報を届ける	122
46	コンテンツのレギュレーションを決めよう	125
47	読者に喜ばれるサイトにするためのネタの拾い方	128
48	文章を書く前に構成を決めることの重要性	130
49	最後まで文章を読んでもらうための構成法	132
50	SEOに強いタイトルと小見出しのつけ方	135
51	商品やサービスの購入につながる文章の最低条件	138
52	Webサイトにマンガを載せるメリット&デメリット	142
53	文章のタイプによって小見出しのつくり方は違う	144
54	リズムや変化のある文章が読者を引き込む	147
55	同じことを何度も書くと読者が飽きる	150
56	一文が長い場合の対処法	152
57	日本語の間違いは致命的	154
58	読者が不快になる言葉が入っていないか確認しよう	158
59	事実の間違いはサイトの信頼性を損なう	160

Chapter 4
SEOを意識したWebサイトの制作　　163

- 60　ターゲット領域を設定しよう......164
- 61　個別記事のコーディング......166
- 62　SEOで重要なサイト設計......168
- 63　HTMLなどの内部構造は80点を目指そう......170
- 64　<title>と<h1>はページ内容を端的に示す......172
- 65　低品質なページや重複コンテンツの対策......174
- 66　パンくずリスト設置して階層構造を表現する......178
- 67　URL変更時にはリダイレクト設定を行う......180
- 68　alt属性で画像の内容を検索エンジンに認識させる......182
- 69　<blockquote>タグで引用箇所を明示する......184
- 70　<meta>タグのdescriptionを設定して検索流入を増やす......186
- 71　PCとスマートフォンでURLが異なる場合の対応......188
- 72　ページ分割のトラブルを減らす4つの対応策......191
- 73　SNS上での拡散を助けるOGP設定......194
- 74　重要なページの表示スピードをチェック......196
- 75　重要な内部リンクにはテキストも設定する......200
- 76　「画像だけ」「動画だけ」のページをつくらない......202
- 77　常時SSL化してセキュリティに配慮する......204
- 78　運営者の身元を示してサイトの信頼性を高める......207
- 79　著作権侵害は違法行為！　発生を防止する方法......210
- 80　Googleマップでの集客対策......212

Chapter 5
リスティング広告を使った誘導・集客　　215

- 81　どの広告を使うべきかの判断のポイント 216
- 82　リスティング広告の設定項目と改善ポイント 218
- 83　リターゲティング広告（リマーケティング広告）............... 220
- 84　ディスプレイ広告のメリットとデメリット 222
- 85　アフィリエイト広告で留意したいポイント 224
- 86　Webとリアルの活動をつなげよう 226
- 87　効果を「見える化」し、改善につなげる 228
- 88　リスティング広告の運用・予算をどう考えるか 231

　　巻末：用語索引 235
　　執筆者プロフィール 238

マークの見方

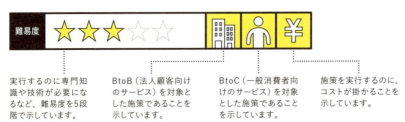

Chapter 1

コンテンツマーケティングとSEOの基本

SEOの基本的な考え方

01

難易度 ★☆☆☆☆

執筆：敷田憲司

🔍 SEOとは何か？

　SEOとは、Search Engine Optimization（検索エンジン最適化）の略であり、検索エンジンで検索を行った際に自然（オーガニック）検索結果の上位に表示されるように、WebサイトおよびWebコンテンツページを作成・改善していくことを指す言葉です。

　自然検索結果の上位表示を狙う主な理由は、検索結果の上位に表示されるほど検索ユーザーの目に留まりやすくなり、クリックして流入する可能性も高くなるからだといえます。あなた自身も検索結果の上位から順番に、該当ページを閲覧するかどうかを判断するのではないでしょうか？

　また、自然検索結果の表示には広告費などがかからないため、検索エンジンのアルゴリズムに評価されて表示され続けている限りは、無料で人を集めることができるのです。広告を出稿することで検索結果に表示させる有料（ペイド）検索の「リスティング広告」もありますが、ここでは割愛します（Chapter5で詳しく説明します）。本節では、SEOの基本的な考え方について説明します。

🔍 基本的な考え方（検索上位表示の原則）

　SEOで検索ユーザーを集めるには、WebサイトおよびWebコンテンツページを用意する必要があります。では、実際に自然検索結果の上位に表示させるWebサイトやWebコンテンツページはどのように用意すればよいのでしょうか？

　検索エンジンは基本的には「検索クエリの意図を満たす有益な情報が掲載されているWebコンテンツページ」を検索結果の上位に表示させるアルゴリズムが組み込まれています。よって、Webコンテンツページは「検索上位に

010

表示させる」ことを目的にするのではなく、「ターゲットとなるユーザー（閲覧してもらいたいユーザー）の知りたいこと、知ってほしいことをわかりやすく説明する」ということを意識してつくることが重要なのです 図1 。それこそがSEOの基本的な考え方であり、検索上位に表示させる最大の秘訣でもあります。

図1　SEOの基本的な考え方

- ターゲットとなるユーザーへの有益な情報は？
- （潜在意識を含め）検索の意図は何か？
- ユーザーはどのような検索を行うか？
- 想定される検索クエリは？

…etc

> **POINT**
> SEOは「ラクして検索順位を押し上げる裏ワザ」だというイメージを持っている人が少なからずいるが、残念ながらそのような方法ではない。むしろ地道な作業や思考が求められるのがSEOといっても過言ではない。

🔍 SEOは集客手段の一つである

　もう一つ、SEOを行う上で意識しておかなければならないことがあります。それは「SEOはあくまで集客手段の一つ」であるということです。あなたのWebサイトの目的を達成する確率を上げるためには、SEOよりもWeb広告のほうがよい場合や、新聞など既存媒体のほうが集客でき、ターゲットとなるユーザーに届く場合もあるでしょう。

　「SEOありき」で考えてはいけません。手段を目的にしてしまわないようにしてください。

まとめ　まずはWebサイトの目的をハッキリさせること。目的に合った集客手段は自ずと見えてくる。SEOを考えるのはそれからでも遅くない。

SEOとコンテンツマーケティング

難易度 ★★☆☆☆

執筆：敷田憲司

コンテンツマーケティングとは何か？

　SEOを形にする、考え方を理解する上で知っておきたいことの一つに「コンテンツマーケティング」があります。コンテンツマーケティングとは、有用、有益なコンテンツを制作し、公開・配信することで、そのコンテンツを（潜在的にも）必要としているユーザー（ターゲットとなるお客様）を呼び込み、ファンになるようつなげていくことを目的としたマーケティング手法です。

　例えば自社サービスへの申し込みや商品の予約・購入など、直接的な収益につながるものや、自社の知名度や権威の向上（ブランディング）、公的な情報の公開・周知など、目的はWebサイトによってさまざまではありますが、後々の収益に間接的にでも寄与するものを指します。端的に定義するなら、「集めたユーザーを収益につながる行動へ促すこと」といえます。

コンテンツページの主な流入元

　コンテンツマーケティングには見えないお客様（ユーザー）を呼び込む力があり、とても有効かつ重要な集客方法です。では、その見えないお客様はどこからやって来るのでしょうか？　大きく分けて2つの経路があります。

　1つ目はGoogleやYahoo!など、検索エンジンからの流入です 図1 。多くのネットユーザーが日々検索エンジンで自身の興味があることについて調べ、コンテンツページにたどり着いています。

図1　検索エンジン（GoogleやYahoo!）

2つ目は、TwitterやFacebook、InstagramなどSNS（ソーシャル・ネットワーキング・サービス）からの流入です 図2 。SNSはコンテンツページよりも、情報を発信・拡散するアカウントに興味を持たれやすいメディアです。

図2 SNS（Twitter、Facebook、Instagram）

POINT ただ単に多くの人を集めたいだけなら流入元について考える必要はない。しかし自分たちの目的を達成するためのコンテンツマーケティングでは、ユーザー傾向が違う流入元についてはしっかり考えてしかるべき。

🔍 コンテンツマーケティングはSEOにも最適

　先に述べた2つ以外にも流入元となるメディアはありますが、検索エンジンとSNSは現在のコンテンツマーケティングを考える上で重要なメディアであり、なかでも検索エンジンは最重要の集客メディアだといえます。

　なぜなら、「検索ユーザーの検索意図を満たす有益な情報が掲載されているコンテンツページにユーザーを呼び込むこと」はSEOそのものだからです。また、検索エンジン経由で訪問するユーザーは、モチベーションが高くニーズがはっきりしているため、コンテンツマーケティングの目的である「集めたユーザーを収益につながる行動へ促すこと」をかなえる最適な方法だからです。

まとめ コンテンツマーケティングがSEOにおいて理にかなった集客手段だと理解できれば、コンテンツ作成の方向性も明確になるだろう。

03 ソーシャルメディア時代の自然リンク獲得術

難易度

執筆：岡崎良徳

🔍 被リンク獲得は今でも重要な施策

　Googleのアルゴリズムの進化により、自作自演のリンク構築や、有償リンクの購入は意味がないばかりかリスクを高める行為になりました。しかし、被リンクがSEOにおいて意味をなさなくなったわけではありません。むしろ、きちんと運用されているサイトから自発的に張られるリンク（自然リンク）の価値は高まっているといえるでしょう。では、具体的に自然リンクをどのように獲得していけばよいのでしょうか？

🔍 SNSを利用してリンクを獲得しやすくする

　みなさんの身の周りにTwitterやFacebookなどのSNSを一切利用していない方はいるでしょうか？　おそらく、ほとんどの方は何か一つくらいはSNSを利用していることでしょう。ひと昔前まで、個人がリンクを張れる環境はホームページやブログを運営しているごくわずかな人だけでした。ところが、現在は多くの方がSNSを通じてリンクを張れる時代です。現代のSEOにおいて、リンク獲得のためにSNSを利用しない手はありません。SNSを通じた拡散によって露出が増え、ブログなどからもリンクを張られる機会が増大します 図1 。

図1 SNSを通じた拡散のイメージ

SNSを通じて露出が増えることにより、被リンク獲得のチャンスが増える

014

Twitterを利用したリンク獲得

　Twitterはミニブログとも称され、短文で世の中のさまざまな情報にコメントができるツールです。ニュースのURLを添えてツイートした経験は誰にでもあるのではないでしょうか。Twitterで大多数にウケるコンテンツは時事や流行に大きく左右されるため、多数の言及を集めるコンテンツをタイムリーにつくり出すのは至難の技です。突飛なコンテンツで耳目を集めるのではなく、少数であっても応援してくれるファンを育てるつもりでアカウントを運営するとよいでしょう。

Twitterでのファン（フォロワー）獲得活動

　まず、怪しいアカウントと思われると敬遠されてしまうので、プロフィールをしっかりと設定し、運営主体を明確にしましょう。その上で、自社製品、サービスについて言及してくれる方や、同じカテゴリーに興味関心を持ってくれる方のツイートを積極的に「リツイート」や「いいね」をして、自社アカウントの存在に気がついてもらえる機会を増やしてください。

　むやみやたらにリプライを飛ばしたり、DMを送ったりするのはスパムめいた行為として敬遠されてしまいます。よほどSNS上でのコミュニケーションに自信がない限り、一歩引いた立ち位置から「自社の顧客・潜在顧客にとって有益な情報を発信するアカウント」として運営するのが無難でしょう。有益な情報を発信するアカウントであると認知されるにつれて、徐々にフォロワーが増えていくはずです。フォロワーが増えた状態で自社サイトのコンテンツについて発信すれば、リツイートをしてくれる可能性が高まります。

Facebook広告で「いいね!」を獲得しよう

　Facebookページの作成は必須です。無料で作成できるので、継続して運用できるか不安であってもとりあえずつくってしまいましょう。放置状態になってしまうことを心配して開始できないケースをよく見聞きしますが、仮に放置してしまってもマイナスはありません。少し前まではFacebookページのファン数（ページ自体を「いいね！」している人の数）を増やすことが重視されていましたが、現在はファン数はそれほど重要ではありません。現在のアルゴリズムでは、広告をかけないと個人のウォールにFacebookページの投稿が表示される機会が激減したためです。

とはいっても、1回あたりの投稿にかける広告費は1,000円程度で十分です。投稿の文言中には必ずSEOを強化したいページのURLを載せて、毎回少額の広告をかけるようにしましょう。Facebook広告にはさまざまな設定が存在しますが、SEOを目的とする場合には広告キャンペーンの目的を「エンゲージメント」に設定することをおすすめします 図2 。

図2　キャンペーンの目的は「エンゲージメント」

寄稿者のファンに拡散してもらおう

　TwitterやFacebookを通じて被リンクを獲得するためには、日々の地道なアカウント運用が欠かせません。しかし、業務負荷的にこうした運用が難しいケースも珍しくないでしょう。そのような場合におすすめなのが、寄稿を活用した被リンク獲得です。自社に興味を持ってくれそうで、固定ファンが存在するブロガーを探し、取材記事の執筆や製品のレビューを寄稿してもらえるよう依頼をしてください。

　このとき、記事を掲載するサイトは自社サイトとするようにしてください。ブロガーの運営サイトで掲載する場合はPR記事となり、リンクに「rel="nofollow"」を設定してもらう必要があるため、SEO的な意味が薄くなってしまうからです。自社サイトに記事を掲載すれば、そのブロガーのファンが積極的にSNSでシェアをしてくれるので、結果的に被リンク獲得につながります。記事内容にもよりますが、ブログ専業の方でなければ数千円〜数万円程度の謝礼で引き受けていただけるケースが多いです。

まとめ　SNSを積極的に活用し、露出を増やして、被リンクが得られる機会を増やそう。

04 効果測定を行ってPDCAに活かそう

難易度 ★★★☆☆

執筆：岡崎良徳

🔍 効果測定なきWebマーケはKKDのようなもの

「KKD」という言葉を聞いたことがありますか？ これは「勘・経験・度胸」の略で、データに基づかない感覚的な判断を揶揄したフレーズです。数値に基づかない施策は往々にして結果を伴わず、担当者の徒労感（あるいは独りよがりの満足感）を増すだけとなりがちです。上席者の「こうした方が見た目がきれい」「ああした方が便利だと思う」といった意見に振り回された経験がある方も少なくないのではないでしょうか。

Webマーケティングの強みの一つに、ユーザーの動きをデジタルに記録することで、リアルよりも精緻な効果測定が行える点があります。Webサイトをつくっただけで満足して、各種数値の計測や、それに基づく改善を行わないのは片手落ちどころではありません。

Webで計測できるデータは無数にありますが、改善に直結できるデータの例をいくつか挙げてみましょう。図1に挙げる例は、いずれもアクセス解析の基本となる無料ツールGoogle Analyticsで分析可能なものとなります。

図1　計測したデータに応じて打ち手が検討できる

計測できるデータ	改善施策
コンバージョン率の高いページがわかる	そのページへの導線を増やし、コンバージョンを増やす
アクセスは多いがコンバージョン率の低いページがわかる	コンバージョン率引き上げのためにページの内容をブラッシュアップする
初回のアクセスからコンバージョンに至るまでの期間がわかる	検討期間に合わせたステップメールを送信する

017

🔍 数字がわかると具体的な打ち手が出せる

　PDCAとは以下の4項目の頭文字を取ったもので、業務改善の基本サイクルとして広く知られています。

- Plan（計画）：従来の実績や将来の予測などをもとにして業務計画を作成する。
- Do（実行）：計画に沿って業務を行う。
- Check（評価）：業務の実施が計画に沿っているかどうかを評価する。
- Act（改善）：実施が計画に沿っていない部分を調べて改善をする。

出典：Wikipedia（https://ja.wikipedia.org/wiki/PDCAサイクル）

　言葉にするととてもシンプルですが、PDCAをうまく回すためには定量的な計測が欠かせません。どの段階がうまくいっているのか、どの段階でつまづいているのかがわからないと、効果的な打ち手の立案も不可能です。

　リアルの場合は、例えば店舗集客のために配布したチラシがどの程度の効果を挙げたのかといった調査で、来店客アンケートなどの不確実な手段に頼らざるを得ません。一方でWebマーケティングの場合は、ある程度の精度をもってどのチャネルから何人の訪問があり、何回の成約に至ったかを計測する手段が存在します。

　そうしたWebの利点を活かすためにも、改善のために必要な数値が何であるのかを意識し、それを把握できる環境を整えるのが重要といえるでしょう。根拠とできる数字が把握できていれば、「なんとなくこうした方がよいと思う」といった非合理なノイズを跳ね除けて、改善すべきポイントへ注力することが可能になります。

> **POINT**
> 実務レベルではGoogle Analyticsを抜け漏れなく設置しておけば7〜8割の分析ニーズに応えられる。最低限、全ページがGoogle Analyticsで計測できる環境は整えておこう。

まとめ 正確な数字を把握することはマーケティングを成功に導く基本中の基本。これを怠り、KKDに陥らないよう注意しよう。

05 目的に合った KGI・KPIを設定しよう

難易度 ★★★☆☆

執筆：岡崎良徳

🔍 目的に合わせて具体的な目標を設定しよう

　コンテンツマーケティングの取り組みを始める前に、具体的な目標を設定しましょう。具体的な目標とは「数字で計れる目標」と言い換えてもよく、KGI（Key Goal Indicator）と呼ばれることもあります。コンテンツマーケティングの流行に乗って、とりあえずオウンドメディアを立ち上げてみたという例もしばしば目にしますが、明確な目的がないままはじめたメディアは失敗が目に見えています。コンテンツマーケティングはあくまで目標を達成するための手段です。手段が目的化しないように注意してください。数値で計れない目標を設定するケースも考えられますが、効果測定の結果が曖昧になるので推奨できません。

🔍 具体的な目標の例

　それではコンテンツマーケティングにおいて設定しうる目標は何か考えてみましょう 。わかりやすいものから挙げると「購入数」や「資料請求数」、「メルマガ会員登録数」などの売上や商談に直結する項目が挙げられます。採用を目的としたコンテンツなのであれば「エントリー数」。認知拡大を目的とするのであれば「PV」や「セッション数」が適切でしょう。少し回りくどい例を挙げると、オウンドメディアの運営によってサイト全体のSEO評価を高めて、本体サイトの「検索順位」を上げるという目標もあり得ます。

図1 目標の設定例

目的	目標（KGI）
売上を増やしたい	購入数
見込み客を増やしたい	資料請求数、メルマガ会員登録数、問い合わせ数、会員登録数
人材採用数を増やしたい	エントリー数
認知を拡大したい	PV、セッション数、ユーザー数
サイト全体のSEOを強化したい	ターゲットキーワードの検索順位、検索流入数

🔍 計測しにくい目標の例

　数字で計れる目標がよいと述べましたが、計測は可能なものの調査が難しい目標もあります。一例を挙げると「好感度」などです。大手企業が実施するコンテンツマーケティングの施策では好感度の向上、すなわちブランディングを目的としたものが多くありますが、その効果測定には一定以上の手間とコストがかかっています。Google Analyticsなどの分析ツールでは「PV」や「滞在時間」などは計測できても、ユーザーの感情まで計測することが不可能だからです。オウンドメディアが好感度醸成にどの程度寄与したかを分析するには、ユーザーへのアンケートを実施し、好感度とオウンドメディアへの接触数の相関性を調べるといったひと手間が必要になります。目標を設定する際には、その効果測定のためにかかるコストも意識するようにしてください。

🔍 目標達成のために必要なKPIを設定しよう

　目標を定めたら、その達成のために必要な要素を考えましょう **図2**。目標達成のために重要な要素のことをKPI（Key Performance Indicator）と呼びます。「購入数」を目標とするなら、「セッション数」と「購入率」をKPIに置くとよいでしょう。KPIを定めることにより日々の進捗管理や打ち手の策定がやりやすくなります。「セッション数」が多いのに「購入率」が低くて「購入数」が伸びない場合は、「購入率」の向上のために導線となるバナーの表現や設置箇所を変えるといった施策を行うというわけです。

図2 KPIの設定例

目標（KGI）	関連するKPI
購入数	PV、セッション数、ユーザー数、CVR
資料請求数	
メルマガ会員登録数	
問い合わせ数	
会員登録数	
エントリー数	
PV	各経路からの流入数、検索順位
セッション	
ターゲットキーワードの検索順位	関連キーワードの検索順位、検索流入数
検索流入数	ターゲットキーワードの検索順位、関連キーワードの検索順位

> **POINT** CVR（コンバージョンレート）とは、目標数を訪問者数で割った値。「購入率」であれば、「購入数÷訪問者数」がCVRにあたる。

まとめ コンテンツマーケティングにおいて目標設定は重要。具体的な目標、目的（KGI）、KPIを設定してから取り組みを開始しよう。

Google Analyticsを効率的に使うポイント

06

難易度

執筆：岡崎良徳

🔍 大きな数字から分析しよう

　ビジネスでWebサイトを運営していて、Google Analyticsを利用していないという方は稀なのではないでしょうか。無料で使用でき、さまざまなデータの取得が可能なGoogle Analyticsはいまやアクセス解析に必須のツールといえます。しかし、あまりにも取得できるデータが多すぎて何を見ればよいのかわからないという方も多いでしょう。Google Analyticsに限らず、こうしたツールを活用するコツがあります。

　それは、KGIやKPIに関連する項目で、より大きな数字の塊ごとに把握し、影響の大きそうなものから詳細に分析していくということです。1万セッションあるページのCVRが1%改善したら100件のCVが増加しますが、100セッションしかないページでは1CVの増加にしか寄与しません。枝葉にとらわれず、まずはざっくりと全体像を捉えるようにしてください。

🔍 Google Analyticsで見るべき基本項目

　サイトの構造によって優先順位には変化がありますが、Google Analyticsにおいてまず見るべき項目は以下の3点です 図1 。

- 流入経路ごとのアクセス数、CV数（左メニュー「集客」＞「チャネル」）
- ディレクトリごとのアクセス、CVR、CV数（左メニュー「行動」＞「ディレクトリ」）
- ランディングページごとのアクセス、CVR、CV数（左メニュー「ランディングページ」＞「すべてのページ」）

　これらの項目を、前月や前年のデータと比べて、改善効果の高そうなポイントに当たりをつけて施策を立案します。仮に「Organic Search（検索エ

ンジン経由の流入)」の数字が下がっているとしたら、重要キーワードでの順位低下が起きているのではないかと仮説を立てて、該当キーワードの順位推移の確認と、低下したページの改善を行うといったイメージです。

> **POINT**　「ランディングページ」とはユーザーが最初に訪れたページのこと。ランディングページの数字を確認することで、Webサイトの集客に貢献しているページがどこなのかを把握できる。

図1　各項目のメニュー位置

🔍 大枠をつかんだら詳細な分析をしよう

　Google Analyticsでは、上記に挙げた大枠の分析をさらに掘り下げて詳細に分析できる機能が用意されています。例えば「チャネル」では、主に以下に示す4つの流入経路ごとの数値を把握できます。

- Organic Search（Google、Yahoo!などの検索エンジンからの流入）
- Direct（ブックマークなどからの直接流入）
- Referral（外部サイトからのリンクなどをたどった流入）
- Social（Facebook、Twitterなどのソーシャルメディアからの流入）

　Organic Search（検索エンジンからの流入）が多いページを知りたいときには、「Organic Search＞ランディング ページ」とクリックをしていくことで詳細の把握が可能です。ここでも数字の小さいページを細かく把握しようとはせず、数字の大きいものから順に把握をするようにしてください。

🔍 分析の前に仮説を立てよう

　Google Analyticsでは膨大な切り口からの分析が可能です 図2 。そのため、分析に時間を費やそうとすればいくらでも時間をかけることができてしまいます。分析は重要ですが、データとにらめっこをするだけで現状が改善されることはありません。詳細な分析に入る前に、まず「自社でコントロールできる値は何か」を把握して、「改善のためのポイントは何なのか」を仮説立てるよう癖をつけてください。例えば、特定の媒体からのアクセスが急減したときに、その媒体がGoogleからペナルティを受けているような場合には自社で打てる施策はありません。別の媒体からの流入を増やす動きをするといった施策が必要となるはずです。

図2　Google Analyticsでの分析

セグメントの追加などのより多様な切り口からの分析が可能な反面、分析の目的が不明瞭だと時間を取られる一方になりがち

 まとめ　分析をするだけでは数字は上がらない。打ち手につなげられることを意識して、効率的に数字をチェックしよう。

07 問い合わせや電話の件数を計測しよう

難易度 ★★☆☆☆

執筆：岡崎良徳

CVを計測してクリティカルな分析をしよう

Chapter1-05（→ P19）において、目標設定の重要性について解説しました。KGIやKPIの値は成果にクリティカルに関連するので、Google Analytics上でもすぐに確認できるようにしておきたいものです。

Google Analyticsの「目標」という機能を使用すると、どの経路からのCVが多いのか、どのランディングページのCVRが高いのかなどといった分析に欠かせないさまざまな数値が簡単に確認できるようになります。「目標」では例えば以下のような項目が計測できます。

- 問い合わせ件数
- ECサイトでの購入完了件数
- 採用応募があった件数
- 電話番号がタップされた回数
- 資料ダウンロードボタンがクリックされた回数

> **POINT** 「拡張eコマース」という機能を使うと、購入された商品や個数、単価などの情報もGoogle Analytics上で分析可能。

「目標」の数値の確認方法

「目標」の値はGoogle Analyticsのさまざまなレポート上で利用可能で、目的に応じた切り口で値を確認できます。例えば、どの流入経路からのCVが多いか知りたいときは、「集客」→「チャネル」で、「コンバージョン」の値をみればわかります。複数の目標を設定している場合には、コンバージョンの隣のボタンをクリックすることで切り替えが可能です 図1。

図1　どの経路からのCVが何件あるのか一目瞭然

問い合わせ件数を計測しよう

　実際に問い合わせ件数をGoogle Analyticsの「目標」に設定する方法を解説します。まず、Google Analyticsの「管理」→「ビュー」内の「目標」→「新しい目標」をクリックします。そのまま「続行」ボタンを押し、「名前」に「問い合わせ件数」と入力し、タイプ「到達ページ」を選択して、「続行」をクリックします 図2 。

図2　目標の説明（問い合わせ件数）

続いて表示される「到達ページ」には問い合わせ完了時に表示されるURLを入力します。このとき、入力するURLからはドメイン部分を除いてください。ページのURLが「https://www.example.com/thanks.html」だったら「/thanks.html」といった具合です。「/thanks.html?abc12345」のようにURL末尾に変動するパラメーターが付与される場合は「先頭が一致」を選択してください。

この「目標」の設定方法では、問い合わせのほかにも完了ページが存在するタイプのCVであればなんでも計測が可能です。「ECサイトでの購入完了件数」を計測したい場合は購入完了ページ、「採用応募があった件数」を計測したい場合は応募完了ページのURLを設定するいった要領になります。

問い合わせページと問い合わせ完了ページのURLが変わらない仕様の場合は、「問い合わせ送信」ボタンのクリック数を計測する方法が取れます。詳細は次の「電話タップやボタンクリック数を計測しよう」で解説します。

電話タップやボタンクリック数を計測しよう

スマートフォンからのアクセスが増えている昨今、電話番号をタップすると電話がかけられるようにしているサイトも多くみられます。このような場合、「イベントトラッキング」という機能と「目標」を組み合わせることによってGoogle Analyticsで電話番号がタップされた回数を計測できます。

イベントトラッキングを設定するには、電話番号を表示している箇所のソースに「onclick="gtag('event', 'tap', {'event_category': 'tel'});"」(※)という属性を追記してください。

■記述例(1)

```
<a href="tel:03-1234-5678" onclick="gtag('event', 'tap', {'event_category': 'tel'});">03-1234-5678</a>
```

※「tap」「tel」の箇所には任意の値を設定できます。管理しやすい名称にしましょう。

Google Analyticsのバージョンにより記述方法が異なります。上記で計測できない場合は次の記述を試してみてください。

■記述例（2）
```
<a href="tel:03-1234-5678"  onClick="ga('send', 'event', 'tel', 'tap');">03-1234-5678</a>
```

　動作確認のため、追記後にGoogle Analyticsで「リアルタイム」→「イベント」を開き、スマートフォンで電話番号をタップしてみてください。少し待った後、「イベントを発生させたアクティブユーザー」のカウントがされれば正しく設定されています 図3 。

図3　リアルタイム解析で動作チェック

　次に、このイベントを「目標」に設定します。途中までは先に説明した問い合わせ件数と同じで、今度は「名前」に「電話番号タップ」、タイプ「イベント」を設定して「続行」をクリックします。続いて、「カテゴリ」に「tel」、「アクション」に「tap」と入力して「保存」します。

　これで電話番号がタップされた回数が「目標」として集計されるようになりました。この方法では、タップやクリックが発生するCVであればなんでも計測が可能です。「資料ダウンロードボタンがクリックされた回数」を計測したい場合には、「onclick="gtag('event', 'click', {'event_category': 'document'});"」などと書き換えればOKです。

 Googleタグマネージャーというツールを使ってイベントを計測する方法もある。より詳細な計測がしたい方は設定してみよう。

まとめ　Google Analyticsの「目標」を活用してさまざまな数値を計測し、分析に役立てよう。

Search Consoleで、まず設定すべき項目

執筆：納見健悟（株式会社フリーランチ）

Q Search Consoleで基本的な設定を済ませよう

　作成したコンテンツに、検索を通じて人に来てもらうためには、更新したWebページを検索エンジンに認識してもらう必要があります。

　Googleが提供する「Search Console」を活用して、Webサイトを作成したり記事を更新したりしたときにGoogleのクローラーにサイト内を回遊してもらい、インデックスを早める方法を紹介します。

Q Search Consoleにサイトマップを登録しよう

　Search Consoleにサイトマップを登録することで、サイト全体に対して、クローラーの回遊を促すことができます。サイト運営開始時や大幅なリニューアルを行ったときに実施するとよいでしょう。

　登録の前にサイトマップの作成方法を確認しましょう。サイトマップを作成するにはいろいろなやり方がありますが、WordPressを活用している場合は、プラグイン「Google XML Sitemaps」を導入することでサイトマップを自動生成できるようになります。

　また、WordPressを利用しない環境下においても、無料ツールを活用して簡単にサイトマップを作成することができます。一例として「sitemap.xml Editor」を紹介します。サイトの入力をするだけで、サイトマップを生成することができます 図1 。

　サイトマップを生成できたら、Search Consoleに登録しましょう。 図2 のように、①の「サイトマップ」をクリックして表示される画面において、②「サイトマップの追加／テスト」に生成したサイトマップのURLを入力して、送信しましょう。

送信してからインデックスされるまでにはしばらく時間がかかります。送信して数日してから、インデックスが進んでいるかを確認してみてください。

図1 サイトマップを作成できるWebサービス「sitemap.xml Editor」

http://www.sitemapxml.jp/

図2 Search Consoleのサイトマップ登録方法

030

記事の追加時にFetch as Googleを行おう

　サイトマップの登録とは別に、新しい記事を追加したときや、リライトを完了したときは、「Fetch as Google」の設定を行うことで、クローラーの回遊を促すことができます。図3の①の欄に更新したコンテンツのURLを入れて、②「取得」ボタンを選択してください。数秒の読み込み時間が経過すると、③「インデックス登録をリクエスト」ボタンが出現しますので、クリックしてください。切り替わった画面の「送信方法の選択」において、④のいずれかを選択した上で、⑤「送信」を押せば完了です。

　定期的に更新を行っているとサーチエンジンに認識されているWebサイトであれば、Fetch as Googleを行わなくても頻繁にサイトをクロールすることでインデックスを進めてくれますので、すべての記事に対して行う必要はありません。

　コンテンツマーケティングを開始したばかりの時期や、久しぶりにコンテンツや時事ネタなどの即時性が求められるコンテンツを更新したときは、ぜひFetch as Googleを行ってみてください。

図3　Fetch as Googleの設定方法

まとめ 更新したコンテンツが少しでも早く検索結果に反映されるよう、Search Consoleを活用しよう。

09 個別記事のステータスを把握してリライトにつなげる

難易度 ★★☆☆☆

執筆：納見健悟（株式会社フリーランチ）

🔍 個別記事の検索流入状況を把握しよう

　Search Consoleをフルに活用すると、自分が管理・運営しているサイトのGoogleにおける検索表示回数とクリック率、平均掲載順位などを記事別に知ることができます。ここでは、Search Console BETA版で更新した記事の状況を把握し、改善につなげる方法を紹介します。

　Search Console BETA版の「ステータス」→「検索パフォーマンス」と進み、**図1**左の画面を表示させてください。①をクリックすると「合計クリック数」「合計表示回数」「平均CTR」「平均掲載順位」の各項目を表示させることができます。CTRとは、検索結果の表示回数に対するクリック率のことです。

　続いて②「ページ」をクリックすると、記事別の状況を表示させることができます。③のように確認したい記事のURLをクリックすると、**図1**右の画面に切り替わります。④の「クエリ」をクリックすると、キーワードごとの検索状況を知ることができます。これによって、記事ごとのキーワード別の検索流入状況を詳細に把握できます。

図1 Search Consoleで個別記事の検索状況を表示させる方法

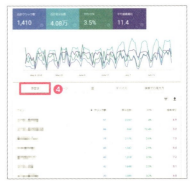

計測結果を手がかりにリライトにつなげよう

計測した結果から、どのように改善につなげればよいのでしょうか？ よくある計測結果のパターンを把握して、改善のヒントを得ましょう。

図1 右の計測結果を見ながら、検索されているキーワードの状況を把握できれば、リライトするときのヒントになります。

例えば、記事作成時に想定していたキーワードの表示回数は達成しているがクリック率が低いという状況であれば、検索結果に表示される<title>タグや<meta>タグのdescriptionをリライトするだけでも効果が得られる可能性もあります。一方、検索結果に表示されていないものを改善するのは新規に記事を書くのと同じくらい時間がかかります。思い切って改善をあきらめるという決断もありえます 図2 。

コンテンツ量が少なく、サイトとしての信頼性が低い場合は、よい記事を書いても検索順位はゆるやかに上昇していきます。こうした場合、Search Consoleの計測結果が落ち着くまでに3〜6ヶ月くらいかかります。

サイト運営を開始したばかりのころは、計測結果が伸びなくても落ち込まずに、表示回数やクリック数が徐々に伸びていることを確認できれば十分です。新規のコンテンツ制作などにも活かしつつ、リライトのタイミングを待ちましょう。

図2 計測結果のパターンと活用イメージ

計測結果		推測される状況	改善の方向性	優先順位
表示回数 CTR	大 小	検索結果に表示されているが、クリックされていない	検索結果の表示項目[titleとdescription]をリライトする	高
表示回数 CTR 検索順位	大 中 2〜10位	記事のクリックも多いが、競合により強い記事がある	検索トップ10の記事と比較して、キーワードに関する密度を増やし、同時に可読性を高める	中
表示回数 クリック数	小 なし	キーワードに関する記述の密度が足りない	検索結果の表示項目[titleとdescription]をリライトする	中
表示回数 クリック率	なし なし	想定キーワードでの検索のニーズがない。記事内のキーワード使用率が適切でない	手がかりがないので、無理にリライトしない	低

 Search Consoleで検索流入状況を把握して、コンテンツ改善のヒントを手に入れよう。

10 順位測定ツールを導入しよう

難易度 ★★★☆☆

執筆：敷田憲司

🔍 検索順位を定期的に測定する

　SEOの成果を測る指標としてわかりやすいものの一つに検索順位があります。前節で説明したリライトの成果を把握するためにも、検索順位を確認することは重要です。

　検索順位を定期的に計測するにあたり、毎回キーワードを検索エンジンに入力し、検索結果から自身のサイトのコンテンツページの順位を探し出して記録するのは手間がかかり、とても面倒な作業と言わざるを得ません。

　ここではSearch Consoleを使って効率的に情報を集める方法と、より正確で多くの情報を取得できる順位計測ツールについて説明していきます。

🔍 Search Consoleでの検索順位の確認

　Search Consoleにログインし、左メニューの「ステータス」の直下の「検索パフォーマンス」に進み、平均検索順位を選択すると、画面下部に検索クエリと、平均掲載順位が表示されます（そのほかにも平均CTRや計測期限、フィルタで条件設定もできますが、ここでは説明を割愛します）図1 。

図1　Search Console

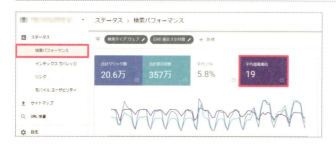

ただし、Search Consoleではログのタイムラグがあり、リアルタイムでのデータ取得ができないため正確なデータではないことや、あくまでログのデータなので、自身で計測したい検索クエリのデータが取得できないこともあります。

そこで、自身で計測したい検索クエリのデータを設定し、取得できる「順位計測ツール」を導入することをおすすめします。

> **POINT** 有料で機能が豊富な順位計測ツールを使えるに越したことはないが、あらかじめ取得したい情報を明確にした上でツールを選ぶようにしよう。

代表的な順位計測ツール

順位計測ツールには有料のものからWebブラウザ上で作動するもの（簡易型やクラウド型）、PCなどにインストールするものなどがあります。

図2に代表的な順位計測ツールの特徴を示します。自身に適しているツールを選び、日々の作業負荷の軽減にお役立てください。

図2　順位計測ツール

ツール名	料金	タイプ	モバイルでの検索順位の表示	対応している検索エンジン	順位履歴の表示	一度に調査可能なキーワード数	利用回数
SEOチェキ！	無料	Webブラウザ型	なし	Google Yahoo!	なし	3キーワード	200回／日
検索順位チェッカー	無料	Webブラウザ型	あり	Google Yahoo! Bing	なし	5キーワード	無制限
BULL	有料（無料体験版あり）	クラウド型	あり	Google	あり	最小プランは30キーワード	1回／日（自動でデータ取得）
Gyro-n SEO	有料（無料体験版あり）	クラウド型	あり	Google Yahoo!	あり	無料版は10キーワード	1回／日（自動でデータ取得）
GRC	有料	インストール型	あり	Google Yahoo! Bing	あり	最小プランは500キーワード	1回／日（自動でデータ取得）

> **まとめ** ツールを使えば作業効率が上がるが、大切なのは取得したデータを分析すること。データを取得するだけで満足しないようにしよう。

ヒートマップを活用した事実に基づくサイト改善

難易度 ★★☆☆☆

執筆：岡崎良徳

🔍 勘や思い込みではなく事実に基づく改善を

　分析の結果、アクセスが多いのにCVRが低い、あるいは直帰率・離脱率が高いページが見つかった場合、該当ページを改善しようと考えるでしょう。「きっとファーストビューのバナーが悪いから取り替えよう」「リード文が読みづらい気がするからリライトしよう」などの改善案が出てくるでしょうが、その改善は本当に必要でしょうか？　実はバナーもリード文も悪くなく、これらを修正しても改善にはつながらないかもしれません。

　こういったコンテンツ改善時のヒントを提供してくれるのがヒートマップツールです。サービスによって機能に若干の違いはありますが、主に以下の3点について可視化してくれます。

- ユーザーがどこまでページをスクロールしたか
- ユーザーがどこをクリック・タップしたか
- ユーザーがじっくり見ている場所（スクロールを止めている場所）

　先の例で説明すると、バナーやリード文が悪いのであればファーストビューから下へスクロールしているユーザーが大幅に減少していることが予想されます。しかし、ヒートマップツールで検証した結果、ファーストビューではなくページ中段で商品メリットを訴求している箇所で離脱していたとしたらどうでしょうか。

　最初に立てた仮説は誤っていて、実はページ中段が悪かったという仮説が高確度で成り立ちます。テキストの表現が悪いのか、画像が魅力的でないのか、さまざまな可能性が考えられますが、改善箇所が明確になっているので効率的な改善が可能です。このように、「事実を元にすることで、各ページの改善の確度・効率を高める」のがヒートマップツールを導入するメリットです。

🔍 ヒートマップツールを導入する際の注意点

　ヒートマップツールの多くは、月間ページビューの上限に応じた料金プランを提供しています。そのため、やみくもに設置するとすぐプランの上限に達してしまったり、必要以上に高額のプランの契約をしなければいけなくなったりします。

　そうした事態を招かないように、申し込み前に設置するページを想定して、そのページビュー数に合わせたプランで申し込むようにしましょう。以下のような改善による効果が高いページに設置するのが有効でしょう。

- サイトトップページ
- 広告用のランディングページ
- ページビューは多いがCVRが低いページ
- 会員登録、申し込みなどの各種フォーム

　複数のヒートマップツールが存在していますが、はじめて導入するのであれば、Ptengine（https://www.ptengine.jp/）やUser Heat（https://userheat.com/）などの無料プランがあるサービスを試してみるとよいでしょう 図1 。

図1　Ptengineでのヒートマップ例

PC、スマートフォンのそれぞれのヒートマップ例
画像提供：BAZZSTORE
（https://www.bazzstore.com/）

まとめ 勘や思い込みにもとづく修正は非効率なだけでなく逆効果になることも。可能な限りデータを集め、事実に基づく改善を心がけよう。

マイナスのSEO施策① ——自演・有料バックリンク

12

難易度 ★☆☆☆☆

執筆：岡崎良徳

🔍 自作自演や有料のリンクはペナルティ対象

　SEOにおいて重要な要素の一つが、「外部サイトからどれだけリンクを得ているか」という点です。こう聞くと、「それなら自分でたくさんサイトやブログをつくってリンクを張ればよいのではないか」と思う方は多いのではないでしょうか。たしかに過去にはこうした方法が有効だったときもありますが、「ペンギンアップデート」と呼ばれるGoogleのアルゴリズム改善以降、非常にリスクの高い施策になっています。

　Googleはそうした行為を検索結果を不当に操作しようとするスパム行為としてペナルティの対象としています。重大なペナルティを受けると自社のブランド名で検索しても検索結果に表示されないような事態に陥るので、安易な自作自演リンク施策を行わないようにしてください。

🔍 危険なバックリンク獲得施策の例

　企業としてサイトを運営している場合、営業電話などでSEOの提案をされるケースはしばしばあるのではないでしょうか。それらの中にはあきらかにリスクの高いリンク売買を勧めるものも少なくありません。現在でもよく見かける危険なリンク施策例を以下に示します。

リンク売買
　「リンクを○本提供するので月額○円です」といったものです。基本的に断るべきですが、もし興味がわいたのなら事前にどのサイトにリンクを設置するのか開示するよう求めてください。まず断られますが、開示されたとしてもテーマの定まっていない個人ブログなどが多いでしょう。昨日は歯医者についての記事、今日はエンジニア求人、明日は健康食品というように、テー

マが定まらず無節操に更新しているサイトからのリンクに価値はなく、加えてGoogleからペナルティを受ける可能性も高まります。

相互リンク集への登録

自社サイトからリンクを張ると、お返しにリンクを張ってくれるサイトへの登録です 図1 。これも一昔前であれば有効でしたが、現在では百害あって一利なしです。自社サイト内に相互リンクコーナーを設けているケースも見かけますが、これも無関係なサイト同士で無差別に行っているとマイナスなので、基本的には行わない方が望ましいです。

マルチポスト、Q&A、掲示板サイト等への過度な書き込み

マルチポストとは同じ内容を複数のサイトのコメント欄などに投稿する行為です。リンクが含まれたコメントの多投によってバックリンクを増やそうとする行為は危険であり、そもそも投稿先のサイトで禁止行為とされていることがほとんどでしょう。

図1 「相互リンク 無料」で検索するといまも多くのサイトがヒットするが……

SEOに効果的とうたっていても信じてはいけない

POINT リンクの売買がNGということは、通常の広告も危険ではないかと不安に思われるかもしれないが、基本的に心配には及ばない。ほとんどのWeb広告には「rel="nofollow"」という属性が設定されており、SEO評価を受け渡さない仕組みになっているためだ。

 まとめ 自作自演や有料バックリンクは高リスクな施策。誘いに乗らず、地道に自然リンク獲得を目指そう。

マイナスのSEO施策② ——コピーコンテンツの掲載

難易度 ★★★☆☆

執筆：岡崎良徳

🔍 他サイトと同じコンテンツは評価されない

　Googleはユニークなコンテンツを好みます。考えてみれば当たり前のことで、ある検索キーワードでの検索上位がすべてまったく同じコンテンツであっても検索ユーザーの満足度は高まらないからです。検索1位の情報で満足しなかったので2位、3位と見ていったのに、すべて同じ情報だったらがっかりしてしまいますよね。

　そのため、たくさんの情報を掲載しようとして、他社サイトからクロールしたり、API提供を受けた情報をそのまま掲載したりして情報量を増やしても、SEO評価アップにはつながりません。一部の情報が同じであったとしても、独自の情報を付加するなど情報量を増やす必要があるのです。もちろん、自社サイトの情報でも同じ内容のページをコピペして増やしても評価は高まりません。

🔍 横並びで同じ情報・商品を扱うサイトは要注意

　世の中に競合の存在しないビジネスを展開しているサイトはほとんどないでしょう。なかでも、情報源や商材が共通しているサイト同士は注意が必要です。求人情報サイトや一般流通商品を扱うECサイト、物件情報を掲載している不動産会社のサイトなどはとくに注意しましょう。新商品の発売情報をメインコンテンツにしているガジェット系ブロガーなども同様です。元にしている情報が同じなため、そのまま情報を掲載するだけでは他社サイトのコピーコンテンツとしてGoogleに認識されやすくなります。

　このような場合には、独自の情報を付加する工夫が必要です。「担当者からのおすすめコメント」や「ユーザーからのレビュー」「自分ならではの切り

口からの分析、評価」などを掲載して、他社とまったく同じ情報にならないよう注意してください 図1 。

図1 独自情報の追加を心がけよう

Googleはコピーより独自情報が加わったものを高評価する

複数サイトの情報を組み合わせてもNG

　求人情報サイトのindeed（インディード）や宿泊施設情報サイトのtrivago（トリバゴ）のように、複数のサイトの情報を取りまとめて表示しているサイトがあります。これらのサイトは検索流入も多数獲得していますが、内容の多くが他社サイトと重複しています。なぜこれらのサイトはGoogleから一定の評価を得られているのでしょうか。

　細かな理由を数えればキリがありませんが、一つ挙げるとすればユーザーの利便性を圧倒的に高めていることが挙げられるでしょう。特にindeedは無料掲載が可能なこともあり、独自の求人情報も少なくないと思われます。このように多数のサイトの情報を1箇所に集めたサービスのことを「アグリゲーションサービス」と呼びますが、先行者の一強状態になりやすく、よほどの資本を注入しなければ後追いで成功をおさめることは極めて難しいと考えられます。

> **まとめ** コンテンツSEOの王道は検索ユーザーに有益な独自コンテンツの提供。安易に他サイトのコピーをしても成功は得られない。

14 マイナスのSEO施策③ —情報量の少ないページ

難易度

執筆：岡崎良徳

🔍 中身のないページはGoogleから嫌われる

Googleは検索エンジンユーザーが投げかけてくる質問に対して、最適な答えを返そうと日々アルゴリズムの改善に努めています。そんな彼らから見て「最適な答え」になり得ない情報量の少ないページは検索上位に上げることはおろか、邪魔なものであるとさえいえるでしょう。Googleのアルゴリズムが洗練されていなかった頃は、内容は二の次でとにかくページ数を増やすという方法論も有効でしたが、現在ではマイナスに働いてしまいます。Googleから見て中身がないと判断されるページがサイトの大半を占めるような場合、ペナルティを受けてしまうことさえあるのです。ユーザーに有益でない無駄なページを増やさないよう、サイトの運営には注意が必要です。

🔍 つくってしまいがちな中身のないページ

サイトの構造が悪いために無意識に情報量の少ないページを増やしてしまうことがあります。やってしまいがちなパターンをいくつか挙げてみましょう。過去にはSEO的に有効であった施策でもあるので、とくに2011年以前につくられたサイトはこうした構造を残していることがあるので、これらに当てはまっていないか注意してください。

社長やスタッフの日常ブログ
スタッフブログを用意して社長や従業員が自由に更新しているときに見られがちなパターンです。例えば会計事務所のサイト内に社員ブログがあり、その内容が毎日食べたランチについての感想だったらどう思うでしょうか。一般の検索ユーザーであれば、会計事務所のサイトに期待するのは経理や税務に関する専門情報のはずです。そうしたユーザーにとって、社員のランチ

の情報はノイズでしかありません。

このように、本来のテーマと大きくかけ離れた情報はサイトの専門性を下げ、Googleの評価を低下させてしまいます。就職希望者向けに職場の雰囲気を伝えたくて運用をしているような場合には、別ドメインを取得したり、外部のブログサービスを利用したりして運営するドメインを分けましょう 図1 。

図1　関係のない話題は別ドメインで

必要以上に小分けにされたページ

FAQを例に挙げると、以下のような短いFAQが分割して独立したページになっているケースも、中身のないページと判断されることがあります。

- 「Q.送料はかかりますか？」→「A.無料です」
- 「Q.包装は可能ですか？」→「A.別途有償で承ります」

このようなページが独立して存在していても検索ユーザーにとっては有益ではなく、また通常の利用者から見ても1ページにまとめてあった方が閲覧しやすいはずです。FAQに限らず不必要に別ページに分割されているコンテンツが存在する場合は、1ページにまとめ、旧URLからは301リダイレクト（自動転送）をかけて整理しましょう 図2 。

図2 分割する必要のないコンテンツはまとめる

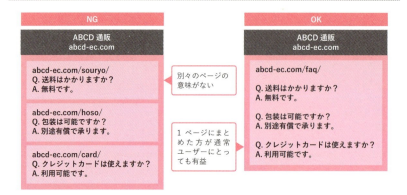

🔍 品質を担保しないUGC

　掲示板やクチコミサイトなど、一般のユーザーによって作成されるコンテンツをUGC（User Generated Contents）と呼びます。有名なところではFacebookやTwitterなどのSNS、食べログ、クックパッド、Yahoo! 知恵袋などが挙げられるでしょう。UGCはコストのかかるコンテンツ制作をユーザーに委ねられるという点で優れていますが、一方でコンテンツの品質が担保されないという弱みがあります。

　ユーザー同士でやり取りできる掲示板や、口コミが投稿できるコーナーを用意しているサイトは、ユーザーの投稿を審査してから掲載する仕組みや、短いレビュー単体でURLが発行されないようにするなど、情報量・品質が不十分なページがGoogleにインデックスされないようにする配慮が必要です。

 まとめ 悪意はなくても中身のないページが量産されてしまうことがある。無意識にそういったことをしないよう注意しよう。

Chapter

2

オウンドメディアとコンテンツ作成

15 オウンドメディアとは？

難易度 ★★☆☆☆

執筆：敷田憲司

コンテンツマーケティングをかなえるメディア

　オウンドメディアを一言で表すと、「コンテンツマーケティングをかなえるメディア」といえます。もう少し具体的に表現するなら、「企業（法人）や団体が運営、管理するWebサイト」であり、「積極的に自社の製品やサービス、業界に関連する話題について情報発信するメディア」です。

　オウンドメディアの主な目的は、売上や業績の向上はもちろん、新規顧客の獲得や既存顧客との更なる関係構築、知名度の向上（ブランディング）など多岐に渡ります。ただし、多くの目的を持たせることはできても、それをすべてかなえることは意外に難しいものです。ですからオウンドメディアをスムーズに運営・管理するには、重要な目的に絞ることが肝要です。

マーケティングにおける各メディアの役割

　企業のマーケティング活動のために役立つメディア（Webサイト）は、大きく分けて3つあります 図1 。1つは先に述べたオウンドメディア。あとの2つは「ペイドメディア」と「アーンドメディア」です。

　「ペイドメディア」とは、費用（広告費）を支払ってCM（広告）を拡散、展開するメディアのことを指します。ネット広告はもちろん、テレビやラジオ、新聞、雑誌など従来型のメディアも含まれます。プッシュ型マーケティングの典型的な例ともいえます。

　「アーンドメディア」とは、お客さんやユーザーが感想や意見を情報として発信するメディアのことを指します。口コミサイトやFacebookやTwitterなどのSNSも含まれます。「アーンド（earned）」は「信用・信頼を獲得する」という意味の英単語です。

図1 各メディアの特徴

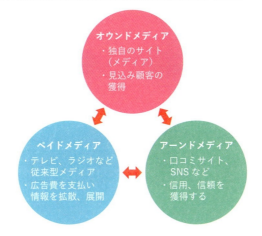

POINT 関心や共感を得た上で理解を促進する。メディアの相乗効果を図ることでマーケティング効果を最大限に生かすことから、この3つのメディアはまとめて「トリプルメディア」とも呼ばれている。

🔍 オウンドメディアのメリット・デメリット

　オウンドメディアのメリットは、自社で発信内容、頻度をコントロールできることです。対してデメリットは、立ち上げ初期の情報拡散の即効性や広範囲への拡散はあまり期待できないこと、また、記事の作成にも人や時間のコストがかかることです。コンテンツ制作を外注することもできますが、その場合は金銭的なコストがかかります。メリット、デメリットを十分に理解して、運営・管理を行いましょう。

まとめ 人の信用、信頼が一朝一夕で得られないのと同様に、オウンドメディアも長い時間をかけてじっくり育てていこう。

16 オウンドメディアの分類

難易度 ★★☆☆☆

執筆：敷田憲司

🔍 ブログ風メディアが流行している理由

　前節でオウンドメディアは「コンテンツマーケティングをかなえるメディア」であると述べましたが、「積極的に自社の製品やサービス、業界に関連する話題について情報発信するメディア」と言い換えることもできます。オウンドメディアといえば、 図1 のLIGのようなブログ風のメディアを想像する人は多いのではないでしょうか？

　これは以前なら「企業ブログ」として存在していたものでもあります。その会社に勤務するスタッフの日常をつづったコンテンツや仕事や業務に関係のないコンテンツであっても、「話題になってそこから集客できればよい」という考えから生き残ってきたものです。こうしたコンテンツの影響から、オウンドメディアといえばブログ風メディアだというイメージを強く抱く方も多いと考えられます。

　たしかに、自社のテーマに沿ったメニューやカテゴリなど骨組みをしっかり考えた一般的なサイトを構築するよりも、時系列で情報発信することに適しているブログ風メディアのほうがコンテンツの管理も容易です。

　また、SNSで話題になる（バズる）には、ブログ風メディアのほうがページ単体でコンテンツ内容が完結する体裁になりやすいため読者もコンテンツを読みやすいという利点があります。さらに、ブログ風メディアが「堅苦しい仕事の話題ばかりでなくても許される」という雰囲気を持っていることも、オウンドメディアの形式として使われ続ける理由の一つでしょう。

図1 LIGのBLOG（オウンドメディア）

https://liginc.co.jp/blog

ブログ風メディア以外のオウンドメディア

けれども、「ブログ風メディアこそがオウンドメディアの形だ」とは言い切れず、「ブログ風メディアでなければオウンドメディアではない」ということもありません。キャンペーンの告知やサービスやブランド別につくったサイト、コーポレートサイトに紐づけた別ドメインでつくられたコンテンツページなども立派なオウンドメディアです。

また、ブログ風メディアの形式を取ると常に情報発信を行わなければならない、記事を量産しないといけないという固定概念にとらわれてしまいがちになるので注意してください。

POINT 自社のオウンドメディアの適切な更新頻度と情報量をしっかり決めることも運用をスムーズにするひとつのコツ。

その他オウンドメディアの事例

次に各企業が自社のサービスや商品に関連する情報を積極的に発信しているオウンドメディアの事例を紹介します。

星野リゾート「旅の効能」

　株式会社星野リゾートが運営するオウンドメディアです 図2 。星野リゾート代表の星野佳路氏と各界の著名人の対談がコンテンツとなっています。

図2　星野リゾート

https://www.hoshinoresorts.com/mag/kounou/

マネーフォワード「BIZ KARTE」

　株式会社マネーフォワードが運営するオウンドメディアです 図3 。経理会計などの話題が掲載されており、資料の無料ダウンロードも行えます。

図3　BIZ KARTE（ビズカルテ）

https://biz.moneyforward.com/blog/

まとめ　役立つコンテンツの提供はもちろん、仕事の話題ばかりでなくても許される雰囲気をうまく活用してオウンドメディアを運営しよう。

17 コーポレートサイトとコンテンツの位置づけ

難易度 ★★★☆☆

執筆：敷田憲司

オウンドメディアは別ドメインとは限らない

　オウンドメディアに興味があっても、別ドメインを取得して、一からサイト（ブログ）を構築するのは時間と手間も、そしてお金もかかるものです。

　なかなか開設に踏み切れないという企業や、会社の稟議が通りにくいために実現には至らないという問題を抱えているWeb担当者は多いでしょう。開設に至らない理由の一つとして、会社の上役に開設の目的と集客効果を理解、納得してもらえないことも挙げられます。

　ここで一つ知っておいてほしいことは、オウンドメディアは必ずしもコーポレートサイトと別サイトにする必要はないということ。コーポレートサイトと同じドメイン上にオウンドメディアを作成する、すなわちコーポレートサイトの一部としてオウンドメディアが存在してもよいのです。

サブディレクトリ上に設置してもよい

　ここからは、前節（→P49）で例に挙げたオウンドメディア「LIG」を例に説明します。LIG以外の多くのオウンドメディアは、コーポレートサイトとは別のドメインで作成され、1つの独立したサイトの形を成していますが、LIGのオウンドメディアはブログ形式であり、URLも「https://liginc.co.jp/blog」となっています。

　つまり、コーポレートサイトの配下（サブディレクトリ）にオウンドメディアが存在しているのです 図1 。この形式を取っているのにはさまざまな理由が考えられますが、大きくは2つの理由だからだと推察します。

051

1. ドメインの評価を上げる

サイトの検索評価はコンテンツページ単体だけでなく、ドメインごとにも評価されます（サブドメインの場合は別々のドメインとして評価されます）。そのため、コーポレートサイトのドメインの評価を上げることが目的に含まれるならば、サブディレクトリ配下に設置することが望ましいです。おそらくこれが最大の理由でしょう。

2. コーポレートサイトのイメージを損なわない

LIGのコーポレートサイトとオウンドメディアはほぼ同じデザインです。そのため、サブディレクトリにオウンドメディアがあってもコーポレートサイトのイメージを損ないません。しかし、LIG以外の多くのオウンドメディアは、コーポレートサイトとオウンドメディアのデザインが異なっています。もし、デザインがまったく違うオウンドメディアがサブディレクトリ上にあれば、それを閲覧しているユーザーを混乱させるのは想像に難くありません。

図1　サブディレクトリと別ドメイン

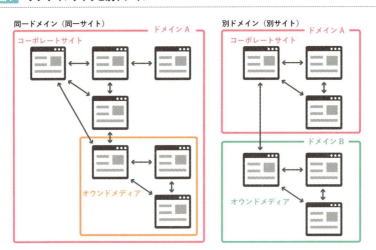

POINT　オウンドメディアを開設することを目的にしてしまうと、開設だけで満足して更新が滞ってしまう。「何のために」開設するのかを今一度しっかり考えよう。

🔍 用途や目的で考える

　しかしながら、すべてのオウンドメディアをサブディレクトリに設置してデザインを統一すればよいとも限りません。別ドメインの別サイト（ブログ形式）のほうが更新や運営管理もしやすい場合や、コーポレートサイトに掲載するにはそぐわないコンテンツは別サイトだからこそ掲載できるというケースもあるでしょう。

　自身のオウンドメディアの用途や目的は何か、集客かブランディングか、はたまた別の何かなのかをハッキリさせた上で、サブディレクトリか別ドメインで作成するかを決めましょう。

 まとめ　コンテンツの配置に迷ったら、サブディレクトリに作成してみよう。途中で用途が変わり、別ドメインに移設するのも1つの方法。

18 BtoB向けのコンテンツマーケティング

難易度 ★★★☆☆

執筆：納見健悟（株式会社フリーランチ）

BtoBのコンテンツマーケティングは難しい？

　BtoBのコンテンツマーケティングの世界へようこそ。一般的にBtoBは、BtoCよりも成果が出づらいといわれます（→P92）。難易度が高くなる原因は、図1 のような商材の特性にあります。これはBtoBだけでなく、BtoCのなかにも注文住宅や保険など、高額でカスタマイズ性の高い商材には共通のエッセンスがあります。

　難易度の高い商材でも、コンテンツマーケティングで成果を出すことは可能です。自分が扱っている商材の特性を知り、適切な進め方を考えましょう。

図1 難易度の高い商材の特性を理解しよう

特性	傾向
サービス	具体的な商品や成果物がないので、見込客がイメージをつかみにくく、Webで受注まで完結するのが難しい。 →事例・実績や、提案イメージなど、業務イメージが伝わる内容をWebに掲載する。
オーダーメイドカスタマイズ	顧客にあわせてアレンジできるのが強みだが、顧客によって求めるものが異なるため、自社へのメリットをつかみにくい。 →Web上で、顧客や事例の課題・背景から説明する必要がある。
単価が高い	価格の高さが購入へのハードルの高さにつながり、コンバージョンが発生しにくい。 →サービスを複数に切り分け、相談や調査などの少額のサービスを切り出して提供する。
法人顧客	法人の決裁は、ロジカルなメリットの説明や販売元企業の信頼性を高める必要がある。 →見込客が感心を示しそうな類似事例や主要取引先、会社規模などが伝わるように提供する。
購入プロセスの長さ	システムや機械の導入・更新など、中長期的に影響を与える商材は、購入にいたるまでのプロセスが長く、途中段階での離脱も起こりやすい。 →電話や訪問などの問合せ対応者からのアプローチなど、Web以外でのフォローも必要。

BtoBは会社にあった進め方を考えよう

　BtoBのマーケティング上の特性を理解して、コンテンツマーケティングをスタートしましょう。**図2**では、商材、顧客、購入プロセスなどのマーケティング上の特性だけでなく、決裁者のリテラシー、企画、成果報告など、BtoBならではの説明コストの高さもまとめています。説明コストがかかるのは、成果が出るまでに時間がかかり、初期段階は仮説・プロセスで合意する必要があるためです。

　筆者も建設系のコンサル会社でマーケティングを担当しましたが、大変だったのは経営層にWebで集客するという概念を説明することや、オウンドメディアに対する社内の拒否反応を解消することでした。

　企画段階では社内を説得することに非常に時間がかかりましたが、成果が出てくると自然に受け入れられるようになりました。結果が出ればプロセスの説明は必要なくなりますので、最初のヤマを越えることが大切なのです。

図2 BtoBマーケティングの特性を理解しよう

項目	傾向
商材	高度な機能やカスタマイズ性をうたうなど、独自性が高い。 単価が高く、販売数は少ない。
顧客	BtoCに比べて、顧客数が少ない。購入決定プロセスも共感よりもロジック。論理的な説明や実績、信頼性を求める。
企画	精度の高い計画や、Webマーケティングのそもそもの部分からの説明が必要。Webの利点であるトライアンドエラーがやりにくい。
コンテンツ	商品の専門性が高く、コンテンツ制作の難易度も高くなりがち。
決裁者のWebリテラシー	Webやマーケティングに関するリテラシーが低い。 見込客も少なく、決裁者はWebは売上には無関係と考えていることも多い。
購入プロセス（Web内）	ユーザーがサービスや運営会社の信頼性を求めるため、1つのページでは成約にいたらず、関連ページを回遊しながら信頼感を高め、成約にいたるケースが多い。
購入プロセス（ビジネスプロセス）	問合せや資料請求などがWeb上のゴールになることが多い。 問合せ後の電話対応や訪問などで、インサイドセールスや営業部門などと連携しながら、受注につなげるケースが多い。
計測指標	見込客が少ないので、ページビューのような基本的な指標が問合せ数と相関性がないこともある。 仮説をたてて、施策を立案し、計測指標を定めて、検証していく必要がある。
予算	購入プロセスが複雑で、成果が出るまでに時間がかかるので、予算の妥当性や費用対効果に関する説明が求められる。
成果報告	コンバージョンのハードルが高いので、ライフタイムバリューやマイクロコンバージョンを使うなどして、コンバージョンまでのプロセスや費用対効果を見える化する必要がある。

成果につながるプロセスを見える化しよう

BtoBのコンテンツマーケティングは、経営層の同意を得るだけでなく、専門性の高いコンテンツづくりに開発担当者やエンジニアなどの社員の巻き込みも欠かせません。

図3のようなツールを活用しながらプロセスを見える化し、社内外の協力者を巻き込んでいきましょう。

BtoBのこうしたマーケティングのハードルの高さは、成功すればメリットに変わります。競合が少なく、後からの参入も難しいため、作成したコンテンツはBtoC以上に効果が持続する傾向にあります。

また、高額のサービスや商品を取り扱っている場合、2〜3のコンバージョンでマーケティング予算を回収できてしまうこともあります。Webで問い合わせが増えてくれば、売上貢献度は飛躍的に高まるでしょう。

BtoBならではの特性を理解する必要はありますが、コンテンツマーケティングの基本的な考え方は変わりません。本書にあるようなコンテンツマーケティングの知識を応用して、成果につなげていきましょう。

図3　プロセスを見える化するツールを活用しよう

ツール	概要	
マーケティングマップ	集客から売上につながるまでの会社のビジネスプロセスを可視化し、マーケティング活動の位置付けを明確にするツール。	→ P.57
ペルソナシート	現場担当者などへのヒアリングを通じて、求める見込み客のイメージをプロフィールや趣味趣向まで具体的に落とし込んだもの。	→ P.68
執筆オーダーシート	社員に執筆を依頼し、読み手に寄り添った内容とするために、構成や執筆の内容を明確に伝えるツール。	→ P.86
ライフタイムバリュー（LTV）	顧客が支払う金額を生涯の総和で計算する考え方。	→ P.64
マイクロコンバージョン（MCV）	問い合わせまでのハードルが高い場合に、問い合わせにいたるまでのプロセスに中間のコンバージョンを設定し、ユーザーの行動を見える化する指標。	→ P.23

 まとめ BtoBの特性を理解して、コンテンツマーケティングをはじめよう。マーケティング知識だけでなく、プロセスの見える化も忘れずに。

19 ビジネスとマーケティングの関係を「見える化」する

難易度 ★★★☆☆

執筆：納見健悟（株式会社フリーランチ）

🔍 コンテンツを売上や受注活動と結びつけよう

　コンテンツマーケティングは効果が出るまでに時間がかかります。また、ユーザーがコンテンツにたどり着いても、即座に成果につながるわけではありません。たいていの会社では、読み終えたあとの商品ページへの回遊や、問い合わせ後に営業へのリードの受け渡しが発生するなど、コンテンツ以外の部分も改善していくことが必要になります。

　Webではカバーできないプロセスも含め、外部流入から購入・受注にいたるまでの流れをあらかじめ整理しておくことが大切です。

　特にサービスや保険のように、顧客の課題にあわせて提案するオーダーメード型の商材は、Webでのゴールが資料請求や問い合わせとなり、電話対応や訪問などのリアルなアクションとセットで受注にいたるプロセスとなっていることが多いものです。

　マーケティングプロセスを可視化し、経営層や営業部門などの巻き込みを進めていきましょう。

🔍 コンテンツ施策と受注活動を結びつけよう

　コンテンツマーケティングをはじめるときに、Webになじみのない経営層にしくみを理解してもらうのは一苦労です。成果へのプロセスをモデル化するなど、簡単に説明できるようにしておくことを心掛けましょう。

　反対に、アクセスが高まってくると経営層も関心を寄せるようになり、マーケティング施策を拡充しようとして、担当者が疲弊してしまうケースもよく見かけます 。

　マーケティングの施策は単独で見れば「やらないよりはやったほうがよい」ものばかりです。担当者のリソースと企業の置かれている状況に応じて、最

057

適なものを選択し、「やらないことを決め、可視化する」ことが大切です。

限られた時間とお金を成果につなげるためにも、マーケティングマップの作成を通じて、マーケティングの流れとフォーカスすべき施策を明快にしておきましょう。

図1 進むべき道をきちんと持っておこう

コンテンツマーケティングがうまく回り出すと、他社の事例やジャストアイディアなど、思わぬ横やりが入りがち。あらかじめ方針をまとめておくことで、進むべき道に集中しよう

3つのプロセスを並行して考える

まず、あなたの会社におけるマーケティングのフローを可視化することからはじめましょう。ユーザーがサイトにやってきて、実際に売上につながるまでのフローを、 図2 のように3つに分けて整理するのがよいでしょう。

コンテンツをつくることはSEO上、外部流入を高める効果がありますが、同時に会社や商品への信頼感を高め、問い合わせにつなげたり、問い合わせ数を改善したりする効果もあります。サイトでのアクションで完結しない場合は、営業や電話担当者が行っているアクションを明示しておくことで、ゴールまでの見通しが立てやすくなります。

図2 マーケティング活動における3つのプロセス

外部流入の獲得	問い合わせ率の向上	成約率の向上
SEOやリスティング広告などの検索流入や、SNS、外部リンクによる流入。書籍やメディア掲載などの反響による流入も含む。	コンテンツを起点としたサイト回遊や、資料ダウンロードなどの問い合わせへのハードルを下げる情報提供や、LPや問い合わせフォームの改善などが含まれる。	ステップメールや電話対応などのインサイドセールスや、セミナーや展示会での開催対応。営業部門によるアプローチなどが含まれる。

マーケティングマップをつくろう

　現在行っている施策や受注活動をマーケティングマップに落とし込んでみましょう。図3は、BtoBのコンサルティング会社の事例をもとに作成したものです。以下のような状況でした。

- よくあるご質問・用語解説のコーナーに検索流入が集中している
- 書籍の発刊を予定しており、社名から検索流入が見込まれる
- SNSの活用優先度は低い
- 事務担当者が電話での問い合わせ対応をしているが、説明に苦労している
- 緊急の問い合わせは取れているが、「相談」できることが認識されていない
- 契約メニューは3つ ①プロジェクト契約 ②調査・レポート業務 ③顧問契約

　コンテンツへの検索流入から成約までの流れを可視化するなかで、会社やサービスの課題も見えてくることがあります。また、電話応対をしている総務スタッフから問い合わせのニュアンスや精度がつかめたり、営業部門のセールストークや課題抽出のパターンが見えたりします。

　マーケティングマップ作成の過程において、担当部署へのヒアリングや通じ、コンテンツ作成などの協力も得られやすくなる効果もありますので、現状把握や戦略立案の基礎資料にぜひ活用してみてください。

図3　BtoBのコンサルティング会社におけるマーケティングマップ作成例

まとめ　マーケティングマップ作成を通じて、会社を巻き込む仕組みをつくり、周囲からサポートを受けられるようになろう。

コンテンツから問い合わせまでの導線を計画する

難易度 ★★★★☆

執筆：納見健悟（株式会社フリーランチ）

Q たどり着いたユーザーの最終目的地を決めよう

コンテンツマーケティングでは、作成したコンテンツにたどり着いてもらった相手に、あなたやあなたの会社の売上につなげるためのなんらかのアクションをしてもらうことがゴールとなるはずです。

記事にたどり着いたユーザーが、どのように購入や問い合わせなどのアクションにいたるのか。あなたの商品やサービスにふさわしい導線を考えてみましょう。

Q 流入記事からの動線パターンを設定しよう

一般的に、購入や問い合わせなどの具体的なアクションにつなげるためには、ページ遷移が少ない方が、離脱率は少なくなるといわれています。しかし、SEOで検索キーワードを取りつつ、同時に自社の商品・サービスへの期待値を高める記事をつくろうとするとコンテンツ作成のハードルが高くなりがちです。

ユーザーにどのような導線を用意するかは、最初にたどり着いた記事の性質によっても変わります。そこで、記事ごとの役割を定義した上で、その記事に最適な導線をたどってもらうことにしましょう 図1 。

> **POINT** 1つのコンテンツで何もかも達成しようとすると、コンテンツ作成の難易度が高くなりがち。検索流入を獲得するコンテンツと信頼感を高めるコンテンツを分けて考えると、コンテンツ制作の目的も明確になる。

図1 流入経路に応じた適切な動線パターン

ユーザーがどのようにコンテンツに到達し、到達後どのように行動しているのかを推測してみよう。SEOだけでなく、SNS経由の流入やリマーケティング広告などを併用して、ユーザーをゴールへと誘導していこう

検索流入後のプロセスをていねいに固める

　検索流入を獲得した記事を見ていくと、流入数は十分にあるのに購入・問い合わせにつながらない記事も出てきます。こうしたケースでは、ユーザーが検索した用語については十分に答えを与えられてはいるものの、誘導したい商品やサービスへのニーズが喚起できていない可能性があります。

　そこで流入のきっかけとなる検索キーワードやたどり着いた記事の内容を読み込みながら、ユーザー・コンテンツ・商品の3者のギャップを埋めるような情報を提示していきましょう。

　具体的には、Search Consoleで流入のきっかけとなっている主要なキーワードを特定し、ユーザーがどのような情報を求めているのかを検索します。ユーザーに対して、どのような情報を提供すれば、ゴールにたどり着くのか。仮説を立てて、ゴールまで誘導するルートを決めましょう。

まとめ ゴールまでの導線を設定することで、コンテンツの果たすべき役割が明確になり、コンテンツ制作のハードルも下がることになる。

21 少額のサービスをつくり、購入のハードルを下げよう

難易度 ★★★★☆

執筆：納見健悟（株式会社フリーランチ）

Q 敷居の高いサービスになっていないか？

　自社のサービスがユーザーにとって伝わりにくいものだと、問い合わせや成約にいたるまでの道のりが遠く、担当者としては成果を出すのに苦労することでしょう。

　自社のサービスが「ワンストップで」「課題解決型の」「オーダーメイドで」といった、欲張りなセールスコピーになっていたり、Webサイトのメニューが多すぎたりして、問い合わせ前にどれを選べばよいのかわからないものになっていないでしょうか？　売りたいサービスのWeb上での見え方を見直してみましょう。

Q フロントエンドとバックエンドを理解する

　Webサイトに到達したばかりのユーザーに対して、いきなり高額の商材を売るのは難しいものです。そこで、サービス全体を一度に売るのではなく、段階的に切り分けて提供してみましょう。購入の敷居の低い商品をフロントエンド商品、最終的に購入して欲しい商品をバックエンド商品といいます。フロントエンドとバックエンドの考え方の違いを理解し 図1 、購入や問い合わせのハードルの低いフロントエンド商品を、適切な形でユーザーに提供することが大切なのです。

　サービスを切り分けるのは手間がかかりますが、それに見合うメリットがあります。Web経由での問い合わせは、初期段階では質にバラツキがあるため、責任をともなう高額のサービスをいきなり売り込むと後でトラブルに発展する可能性もあります。フロントエンド商品からバックエンド商品へとつなげるプロセスで、スタンスの合わない見込み客をこちらから断ることもできます。コンサルティングサービスや顧問契約などがバックエンドの場合、

自社にマッチしないお客さまをフィルタリングする効果も得られるのです。

図1　フロントエンドとバックエンドの役割

	フロントエンド	バックエンド
目的	新規顧客の獲得	利益の最大化
価格	無料・安い	高い
商品の特性	最初に見込客に提供する商品・サービス。購入のハードルが低く、購入頻度が高い商品	フロントエンド商品を購入した見込客に提供する商品・サービス。利益率が高く、本当に売りたい商品

🔍 フロントエンド商品のバリエーションを理解しよう

フロントエンド商品の提供は、BtoBからBtoCまで、さまざま業態で行われています 図2 。健康食品や化粧品などのお試しサンプルの提供などは、身近な商品での事例といえるでしょう。顧客の課題をヒアリングして、顧客ごとに提供するサービスをアレンジするようなビジネスの場合は、ヒアリング部分を無料相談や少額の有料相談として切り分けることができます。

業態や商品の性質によって、フロントエンド商品は変わってきます。フロントエンドとバックエンドの特性や事例を理解し、自社のサービスを適切に切り分けてみましょう。

図2　フロントエンドとバックエンドの設定事例

業態	フロントエンド 商品サービス	価格	バックエンド 商品サービス	価格
健康食品	お試しサンプル	無料	定期便	1,800円/月
化粧品	サンプル3日分	無料	基礎化粧品4点セット（60日分）	35,640円
電子書籍	マンガ1冊目無料	無料	2冊目以降定価	540円×冊数分
情報商材	マーケティングWeb講座ダウンロード	無料	セールスライター特別講座	199,800円
ハウスメーカー	住宅相談会	無料	戸建て住宅	5,000万円
税理士	スポット相談	9,800円	顧問契約	8万円/月
戦略系コンサル会社	○○セクターにおける××セミナー	49,800円	××社戦略コンサルティング業務	1億円

 まとめ　売りにくいサービスなら、購入のハードルの低いフロントエンド商品を提供することで、成約につなげることもできる。

22 ライフタイムバリューを効果測定・予算化に活かす

難易度 ★★★★☆

執筆：納見健悟（株式会社フリーランチ）

🔍 ライフタイムバリューをシンプルに計算しよう

　ライフタイムバリュー（LTV）は、顧客生涯価値と訳されます。1人の顧客が、あなたの会社の商品やサービスに対して、生涯トータルでどの程度お金をかけているかを計算します。LTVの考え方を用いることで、フロントエンドで少額のサービスを提供して、バックエンドの月額課金商品で回収するようなサブスクリプションモデルの運用を可能にするのです。

　LTVを厳密に計算しようとすると、計算が複雑になるため、日常業務での運用が難しくなります。そこで、初期段階では極力シンプルに、顧客が支払った金額を売上ベースで計算しましょう 図1 。測定期間についても、会社は「期」や「年間予算」など年単位で動きますから、半年、もしくは1年で十分です。

　LTVを計算している過程で、流入から成約にいたるまで、どれくらいの顧客が次のステップへと進んでいるのかを可視化することができます。担当者は、LTVの計測過程でコンテンツマーケティングの手応えをつかむことができるでしょう。

> **POINT** LTVを定義通りに計算するとたいへん。大まかな流れをつかめる便利な指標と割りきって、シンプルな形で活用しよう。

図1 簡単なライフタイムバリューの計算式

ライフタイムバリューを成果報告に活用しよう

フロントエンド商品を購入した顧客の行動を把握しましょう。顧客リストとLTVの計測を組み合わせた、実際の運用方法を紹介します。

図2は、企業のオフィス移転を支援する設計事務所の事例です。この会社の場合、初回相談をフロントエンド商品にして、有料相談を実施しています。初回相談でさらに検討を進めたい場合は、トライアルプランという形で少額の報酬をもらうようにしています。スタンスがあえば設計契約を結びます。これがバックエンド商品になります。このケースでは、8人に1人がこのサービスを購入しており、平均のLTVは35.5万円となります。

このようにLTVを計算すると、問い合わせやフロンドエンド商品購入のたびに、どれくらいの売上が生まれるかが予測できるようになります。コンテンツマーケティングの売上貢献度や予算化の根拠、会社への成果報告にも使える便利な指標です。

図2 顧客リストを活用したライフタイムバリューの計測例

計測対象期間：4/1〜10/31

初回問い合わせ日	顧客リスト	有料相談	トライアルプラン	設計契約	LTV
4/1	Aさん	5,000円	—	—	5,000円
4/4	Bさん	5,000円	100,000円	—	105,000円
4/6	Cさん	5,000円	—	—	5,000円
4/12	Dさん	5,000円	—	—	5,000円
4/12	Eさん	5,000円	—	—	5,000円
4/17	Fさん	5,000円	100,000円	2,500,000円	2,605,000円
4/18	Gさん	5,000円	—	—	5,000円
4/24	Hさん	5,000円	100,000円	—	105,000円

平均LTV　2,840,000円/8人＝355,000円

オフィスデザインを得意とする設計事務所のライフタイムバリューの計算事例。同社は、有料相談・設計契約前のトライアルプラン、設計契約の三段階で段階的にキャッシュポイントを設けている。
この表では、4月における問い合わせ者の半年間の購入履歴を元に計測。実際はExcel等の表計算ソフトで自動計算しており、問い合わせ管理表に購入ステップが進むたびに売上を入力すると、LTVが再計算されるようになっている

まとめ ライフタイムバリューで顧客1人あたりの平均売上額を算定し、成果報告や予算化に活用しよう。

23 マイクロコンバージョンでユーザー動向を可視化する

執筆：納見健悟（株式会社フリーランチ）

問い合わせや購入につながる動きを見える化する

　マイクロコンバージョン（MCV）は、最終的なコンバージョンにいたるプロセスに設定する、小さなコンバージョンのことです。具体的には、問い合わせや購入の前段階にある、サービス詳細説明ページのPVや資料ダウンロードの件数などが考えられます。

　システム開発や建物の設計のように、受注単価が数百万や数千万のビジネスは問い合わせまでのハードルが高く、問い合わせから受注にいたるまでにも時間がかかります。ユーザーが購入プロセスのどこまで到達しているのかを見える化する手段として、MCVの設定は役立ちます 図1 。

図1　マイクロコンバージョンの設定例

MCV の設定例	改善方法
検索流入セッション	記事を増やす／記事をリライトする
商品詳細ページの PV	検索流入が多い記事からの内部リンクを増やすリンクへの誘導文を改善する
資料ダウンロード数	ダウンロードする資料のメリットを詳しく伝える
ランディングページの PV	LP への誘導バナーを改善する
問い合わせページの PV	問い合わせページへの誘導バナーを改善する
問い合わせ数	問い合わせフォームを最適化する

マイクロコンバージョン（MCV）の設定例。MCVは、問い合わせのようなゴールにいたるまでの途中段階に設定するものだが、MCV計測後の改善方法が想定できるものにしよう。計測して見える化すると、当然改善策を考える必要が出てくる。場当たり的な対応を防ぐため、MCV設定時に仮説でよいので改善策を考えておこう

現状把握に役立つマイクロコンバージョン

コンテンツマーケティングにおいては、どのようにMCVを設定すればよいのでしょうか？ 実際の例を元に、運用方法を紹介しましょう 図2 。

例えば、筆者が運営しているサイトでは、5つの指標を管理しています。

- 記事数 ……………………… 更新ペースは維持できているか
- 検索流入数 ………………… 狙い通りに検索流入が獲得できているか
- フロントエンドLPPV …… 流入記事からLPに、どれくらい到達しているか
- フロントエンド申込み数 … LPに到達したユーザーの購入数はいくらか
- 測定期間中のLTV ………… フロントエンドに申し込んだユーザーがどれくらい購入しているか

この場合、検索流入の総セッションが5000程度あれば、100〜150のユーザーがフロントエンドのLPに移動し、そのうち1〜2％が問い合わせにつながるといった感覚をつかむことができます。MCVの設定・計測を通じて、ユーザーの行動とそれに対する改善策が具体的にイメージできるようになります。

計測のポイントは、「期間は細かく、項目数はシンプルに」が原則です。欲張りすぎないようにしましょう。

図2　MCVとLTVを組み合わせた計測例

	総記事数	検索流入総セッション	フロントエンドLPPV	フロントエンド購入数	一人あたりLTV	LTV
4月第1週	32	1380	34	1	¥4,980	¥4,980

コンテンツマーケティング初期で、ようやく検索流入がはじまった状況。フロントエンドのLPまで到達するユーザーが増え始め、購入にいたるようになった。LTVが低く、まだフロントエンド商品しか売れていない状況。

➡ 新規記事の追加や、計測結果をもとにリライトを実施など、流入数を増やす施策に力を注いでいる。

半年後

	総記事数	検索流入総セッション	フロントエンドLPPV	フロントエンド購入数	一人あたりLTV	LTV
10月第4週	82	5218	135	3	¥120,125	¥360,375

新規記事やリライトにより検索流入数が増加している。フロントエンドLPPVが増加すると購入数も増加するという流れが確立してきている。また、バックエンド商品が売れ始めたことで、1問合せあたりのLTVも上昇している。

➡ 総記事数は十分に揃って来たので、記事のリライトやランディングページ改善など、質の改善に力を注いでいる。

 マイクロコンバージョンやライフタイムバリューを活用すれば、ユーザーのサイト内の動きが「見える化」できる。

24 ペルソナを作成して顧客イメージを共有する

難易度 ★★★☆☆

執筆：納見健悟（株式会社フリーランチ）

🔍 担当者が知る顧客イメージを共有しよう

　BtoBの見込み客のイメージは、直接顧客とやり取りしている担当者以外には、なかなか伝わりにくいものです。これはBtoCとは違い、自分を起点にして、顧客のイメージを想像できないためです。図1のように、顧客と接点のある営業担当者、マーケティング担当者、ライターやWeb制作会社などのマーケティング協力会社のように、顧客からの距離が離れていくにつれ、ターゲットとなる顧客イメージの共有は難しくなります。

　こうしたときに顧客イメージを共有するためのツールがペルソナです。ペルソナには、仮面という意味がありますが、仮の顧客イメージと理解してください。ペルソナは、自社のサービスを購入しうる、理想的な顧客像を落とし込みましょう。

図1　ペルソナを作成し、顧客イメージを共有しよう

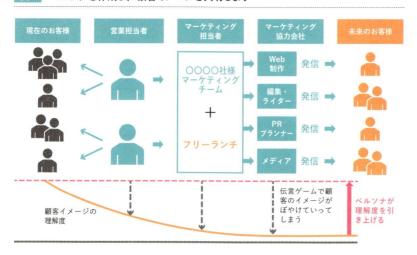

ペルソナは、具体的につくり込もう

　ペルソナは、実在の顧客をモデルにするなど、明確なイメージを落とし込んだペルソナシートを作成しましょう。

　BtoBの場合は、ペルソナが所属している会社も具体的に設定しましょう。例えば、「大手自動車会社」のような抽象的な表現ではなく、「トヨタ」なのか、「ホンダ」なのか、「マツダ」なのかを決めましょう。

　ペルソナの所属企業を定めるのは、社風のように個人の行動指針に影響を与えるだけでなく、購買・決裁プロセスなどにも特徴が出るためです。精度の高いマーケティング施策を検討するためにも、必ずモデルとなる企業を設定しておきましょう。

　ペルソナの会社の具体的なイメージができない場合は、対象企業の採用ページなどが参考になるでしょう。その会社で働く人のキャラクターや社風も見えてくるので、具体的なイメージを固めることができます。できる限りペルソナシートには、写真も入れましょう。

　ペルソナは1種類である必要はありません。例えば、BtoBのサービスの場合、中小企業の経営者と大企業の購買担当者のように、よくある購入者の属性が分かれるなら、それぞれのペルソナをつくりましょう。

　営業担当者の協力を得ながら、実在する顧客のパーソナルな属性まで落とし込めれば完璧です。普段、どのようなサイトを巡回し、どのような雑誌を購読しているのか。家族の有無や関心事、ビジネスに関する悩みなどをヒアリングしながらまとめておくと、記事や施策の企画時にも実効性の高い議論につなげることができるでしょう。

　図2 は、実際に作成したペルソナシートのイメージです。個人と会社の置かれている状況をあきらかにしたうえで、あなたの会社が提供しうるサービスに関連する悩みと解決方法をまとめていきます。さらに、ペルソナがあなたの会社に期待することや実際に得られること、具体的に提供するサービスまで落とし込んでいきます。

　こうしてペルソナシートをまとめることで、自社のサービスや提供すべきコンテンツの方向性が明確になる効果が得られるでしょう。

図2　作成したペルソナシートのイメージ

名前	○○　○○○
性別	女性
年齢	37歳
住まい	中野にて中古で自宅兼オフィスを保有
家族構成	夫婦二人
職歴	内装デザイン会社→○○デザイン事務所設立
部署役職	代表補佐［設計及び経理を担当］
年収	夫婦で1,000万円＋代表経費

※写真は採用サイトやFacebookなどで実在の写真に近いものとする

キャリアサマリー（所属会社情報）・バックグラウンド

勤めていた内装施工会社を退職し、同僚だった夫と工務店を共同創業。コミュニケーション能力が高く、無口な代表に替わり渉外全般を取りまとめる。決裁権は代表にあるため、声をかけた協力会社と代表との相性が良くないと決裁につながらないことも。

所属組織の情報

会社情報	売上約　○億円	人数	6名［代表＋施工管理3名＋事務2名］
勤務状況	不定休　［8:00〜20:00］		

所属組織と自身の状況

設立5年目の工務店を夫である代表と共同創業。企画設計及び経理などの事務方を主に担当。売上は増加しているが、採用に苦戦している。離職率が高い。

ライフスタイル

趣味	ゲストハウス巡り	情報収集のイメージ	・メールや電話が主体
			・Webでの情報収集は苦手

自身の立ち位置の悩み［経営・マーケ・人材］ ← 自社のサービスに関連する悩みにする

悩み	悩みに対する向き合い方
・○○職の求人募集を続けているが見つからない	・求人広告（○○）や人材紹介会社（○○○）に声をかける
・若手がすぐ辞めてしまう原因を知りたい	・知り合い（○○社）に相談を持ち掛けてみた
・会社を大きくするか、このままの規模で進むのか岐路に立たされている	・工務店向けの経営コンサルについて調べたが、ピンとこない

ペルソナへのゴール ← ペルソナが自社に対して期待していること、得られるものを明らかにする

あなたの会社に期待すること	あなたの会社から得られるもの
・いい人材を紹介してほしい	・求人するためにはまず労働環境の整備が必要なことを説明してもらえた
・○○の改善に関するアドバイスが欲しい	・サービスの再設計が必要だとアドバイスがもらえた
・○○や○○○○○○○事業の進め方についても一緒に考えて欲しい	・若い人の働き方やメンタリティを教えてもらえた

ペルソナへのアンサー ← コンテンツやサービスの切り出しに活用する

必要なコンテンツ・表現・サービス

- ○○コンサルティング
- 求人広告＋人材紹介
- 三六協定などの労働法の知識や面接の進め方などの情報提供
- 業界経験者による実践的な○○コンサルティング
- メールマガジンなどで、継続的にビジネス理解度を高める施策が必要

まとめ　ペルソナ作成を通じて、顧客イメージを関係者に共有し、リアルなマーケティング施策につなげよう。

25 競合に勝てるキーワードの探し方

難易度 ★★☆☆☆

執筆：納見健悟（株式会社フリーランチ）

🔍 競合が少ないBtoBは検索上位を簡単に狙える

　法人向けのサービス（BtoB）の場合、競合するサービスの数は限られています。検索上位の記事もBtoCに比べて、練り込まれていないケースがほとんどです。例えばBtoCの健康食品と、BtoBの工作機械メーカーでは、競合の数や質に違いがあることをイメージできるのではないでしょうか。

　BtoCの健康食品の場合は、多くのユーザーが見込客となりえるため、競合他社やアフィリエイターなどが、レベルの高い記事を多数アップしていることでしょう。検索上位の競合する記事が強いため、あとからコンテンツを作成しても、上位記事を蹴落とすまでには時間もかかります。

　一方で、工作機械の場合、導入を検討する企業は限られており、発信している企業はそう多くありません。BtoBの場合、ユーザーが限定されているので、ライバル企業も力を入れていないケースがほとんどです。

　BtoBの場合、SEOのテクニックを追究するよりも、ユーザーのニーズをきちんと理解し、社内に眠る情報をまとめて発信するだけでも、成果につながる可能性が高いのです 図1 。

図1　BtoBとBtoCの違いを理解する

	BtoB	BtoC
検索トレンド	検索上位が手薄で競合の記事内容も薄い	検索上位は激戦で競合の記事内容も濃い
競合	少ない	多い
検索ボリューム	少ない	多い
コンバージョン率	高い	低い
方針	ニーズが少なくテーマが難解なので、競合が少ない。自社ノウハウを発信できるようになれば、上位表示はラク。	キーワードの企画やテーマ設定が重要。競合が多いので、競合以上の密度の濃さも求められる。

正解はツールではなく、顧客が知っている

　1記事100程度の検索流入でも高額のコンバージョンが生まれ、投資費用を回収できるのが、BtoBのコンテンツマーケティングのおもしろいところです。検索ボリュームは少ないが、コンバージョン確率の高いキーワードをどのように探せばよいでしょうか？　このような場合、キーワードプランナーなどのツールを参考にするだけでは不十分です。

　顧客のニーズをヒアリングして、把握してみることが大きな助けとなる可能性もあります。BtoBの場合、顧客と密接な関係がある担当者が社内にいる可能性もあります。営業やエンジニア、カスタマーサポートなどに、目を向けてみましょう。

　BtoBでコンテンツマーケティングを担当した経験からも、検索ボリュームは参考程度で、顧客のニーズを社員からヒアリングして企画した記事の方が、ページビューは少なくてもコンバージョンにつながっていました。ページビューとコンバージョンは、必ずしも比例するわけではありません。BtoBのマイナーな商材は、特にこの傾向が強いように感じます。

> **POINT** 社内のヒアリングや情報収集を通じて、ツールでは見つけにくいコンバージョンにつながるキーワードを見つけ出そう。

検索ニーズを先読みしよう

　法改正や新技術の開発、新奇性のある事例などから、新しい検索ニーズが生まれることもあります。業界の動向などは、業界紙で報道されていたり、自社の社員にも伝わっていたりします。

　こうした情報を活かして、未来の検索ニーズを先取りすることができます。例えば、法改正の情報を入手したら、ユーザーへの影響をまとめた解説記事を用意しておき、法改正と同時にリリースすれば反響も狙えます。さらに、解説記事を読んだ読者に対して、関連する自分たちのサービスを紹介するコンテンツをつくっておけば言うことなしです。

　最近であれば、民泊に関する法律の改正、消費税の増税、働き方改革などは、こうしたニーズを先取りするチャンスでした。各種法改正や業界のトレンドを先読みし、コンテンツを先行投下していくことで、組織の知見を活かすこともできるはずです。

図2 のように、先行してコンテンツを用意しておくことで、メディアから取材の打診が来ることもあります。ユーザーだけではなくメディアも、取材対象となる専門家を求めているのです。そのジャンルについて一番詳しい人が専門家なのではなく、発信している人が専門家になり得るということを覚えておきましょう。

> **POINT** 法改正は、未来の検索ニーズを先取りするチャンス。社内外のネットワークを活用して、業界動向をタイムリーに入手するようにしよう。

図2　法改正情報を反響アップにつなげるプロセス

法改正情報	法改正の解説記事	メディアからの取材依頼	反響アップ 外部リンク獲得
社内の担当者からの情報提供で、法改正に関する概要を知る	担当者に取材しながら、法改正が発表されるタイミングを狙って、解説記事をリリース	法改正の社会的関心が高まり、解説記事をみたメディアから専門家の見解を取材したいと打診がある	法改正に関する取材記事がメディアにリリース。社名検索や「法律＋改正」などの検索キーワードで流入が増加。外部リンクを獲得する場合も

法改正情報に関する解説記事を準備し、改正早々にリリースした事例。早めにリリースしたことで、検索上位を獲得し、メディアからの取材依頼をもらう。
メディア掲載により、自社ホームページや解説記事などに流入が増えるなど、反響や外部リンクを獲得することができた

 まとめ 成果につながるキーワードは、顧客に近い担当者や法改正情報などにヒントがあることも。迷ったら、現場の声にも耳を傾けよう。

26 BtoB向けはオリジナルの記事をつくりやすい

難易度 ★★☆☆☆

執筆：納見健悟（株式会社フリーランチ）

会社にはオリジナルコンテンツが眠っている

　細かなテクニックはあるものの、検索エンジンで上位表示されるための本質は、「ユーザーが検索したキーワードに関して、明快に回答を示したオリジナルコンテンツを提供できているか」に尽きます。

　特に法人向けのサービス（BtoB）の場合は、競合も少なく、きちんとユーザーのニーズに対して、明快な回答を伝えるコンテンツを用意できれば、上位表示させるのは難しくありません。自社に眠るオリジナルコンテンツを記事にしていきましょう。

コンテンツの切り出し方を考えよう

　経験豊富な営業担当者や現場のエンジニアなどと連携して、オリジナルコンテンツの切り出し方を考えましょう。

　図1のように業務用製品を例にとっても、担当者にとっては当たり前の知識でも、ユーザーにとって新鮮な情報はたくさんあるものです。活用事例、価格やスペックの違い、助成金の活用や税制上のメリットなど、いろいろな観点の記事を切り出すことができます。記事のタイトルや構成、レベル感は、潜在顧客のことを知っているマーケティング担当者が、基本的なSEOの知識をもとに、記事の企画を主導しましょう。

　現場の担当者は、最先端の技術に関する知見など、高い専門性を持っていますが、そのまま記事にするのは難易度も高いですし、ユーザーのニーズから外れたものになってしまいます。まずは、ユーザーにとって基本的な疑問を解消するようなコンテンツを用意することを目標にするとよいでしょう。

図1 担当者にヒアリングし、記事の企画につなげよう

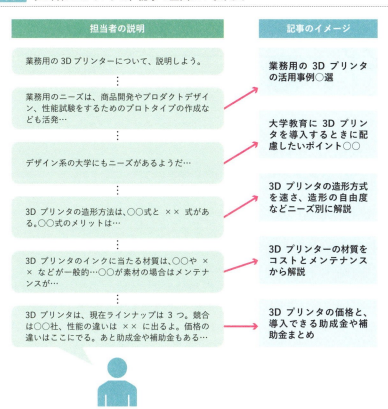

製品開発担当者にヒアリングしながら、3Dプリンタ導入を検討しているユーザー向けの解説記事を企画する例。30分～1時間くらいのヒアリングで、担当者からは膨大な情報があふれてくる。広報・マーケティング担当者は、開発担当者の話から、ユーザーのレベルに合わせて、適切な切り出しをする必要がある。1回のヒアリングで5～10記事の企画につながることもよくある

まとめ　自社に眠るオリジナルコンテンツを発掘し、現場担当者とマーケティング担当者がペアになってコンテンツづくりを実現しよう。

27 ワンソースマルチユースを徹底して省力化を図る

難易度 ★★☆☆☆

執筆：納見健悟（株式会社フリーランチ）

🔍 1つのコンテンツを使い回そう

　コンテンツマーケティングを始めた頃は、予算もつかず十分なリソースもないまま、コンテンツを制作しなくてはいけないこともあるでしょう。特に専門性の高いビジネスでは、コンテンツ制作に時間がかかり、リソース不足を感じることもあるのではないでしょうか。

　1つのコンテンツをアレンジしながら、さまざまなコンテンツに展開することを、ワンソースマルチユースといいます。限られたリソースで成果につなげるために、省力化を意識しましょう。

　図1 のようにプレスリリースの作成をきっかけにして、取材記事を獲得したり、メディアの記者とは異なる切り口で、オウンドメディアの記事を作成したり、1つの取材や記事をきっかけにして、異なる媒体での露出につなげましょう。媒体ごとに読み手が求めている内容が異なりますので、特性を理解し、上手にアレンジすれば、1つの元ネタから複数のコンテンツを生み出すことができます。

図1 媒体の読者を理解して、適切に展開しよう

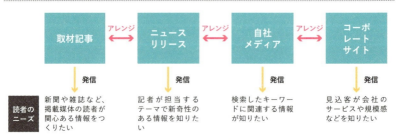

1つの取材や記事をきっかけに、複数の媒体へとコンテンツを展開しよう

取材やヒアリングの音声データも活用しよう

　コンテンツ作成にあたっては、取材やヒアリング時の音声データも貴重な資源として活用しましょう。音声データから、いくつもの記事を切り出せるからです。

　余力があるときに、取材の音声データの文字起こしを発注しておく方法も有効です。良いライターさんを探すのはとても大変ですが、文字起こしの部分だけを切り分けて発注すれば、発注先の候補はたくさん見つかることでしょう。

　こうして作成した文字起こしのデータをストックしておき、一度の取材やヒアリングで抽出したエッセンスを、さまざまな媒体のコンテンツ制作に活用しましょう 図2 。外部に発注する場合にも、参考資料としてライターに提供するなどすれば、記事の精度も高まります。

　専門性の高い商材の解説記事などは、社員の知見や見解を盛り込みながら作成する必要があります。とはいえ、毎回ヒアリングの機会を設けるのは社員の負担も大きく、協力も得られにくくなってしまいます。読み手はコンテンツの制作プロセスには関心がありませんので、共通化できるコンテンツ制作プロセスをつくっておきましょう。

図2　取材・ヒアリングの音声データを活用しよう

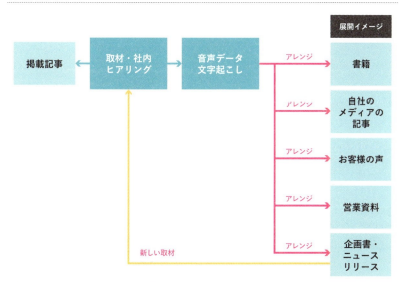

取材の音声データをテキストデータとして保存しておけば、いろいろな企画・コンテンツ作成に役立つ

顧客向けの営業資料やレポートも活用しよう

　顧客向けに作成された営業資料やレポートは、コンテンツ作成の貴重なヒントになりえます。

　顧客向けの資料の活用メリットには、以下のようなものが考えられます。

- 顧客向けの資料なので、顧客に響く「言葉」が使われている
- 会社として承認された、用語や言葉づかいになっている
- リサーチ結果や図版など、手間のかかるコンテンツも含まれている

> **POINT** 過去のドキュメントは会社が公認したコンテンツである可能性が高い。有効利用して、効率よくコンテンツをつくろう。

　Webサイトに記事をアップする場合、コンテンツの可読性をあげるような図や写真も必要となるでしょう。有料素材を購入して配置するのもよいですが、その前に営業資料やレポートに含まれている素材が活用できないか検討してみましょう。

　営業資料の場合、口頭で図版の説明などをしているはずです。図3のように、コンテンツ作成時に図版の説明を文章にするだけで、サービスに関するまとまったボリュームの文章をつくることができるでしょう。

図3 提案書やレポートの文章・図版も活用しよう

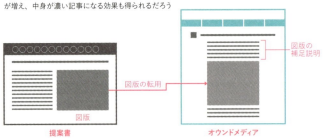

提案書の図版をオウンドメディアに転用する場合のイメージ。図版を使い回すだけでなく、図版の説明する文章を加えることで、読み手の理解が進むだけでなく、記事のボリュームが増え、中身が濃い記事になる効果も得られるだろう

> **まとめ** 営業資料・提案書・メディア掲載・Webコンテンツなど、さまざまな媒体のコンテンツを流用して、コンテンツ制作を効率化しよう。

28 既存コンテンツのリライト① ——計測結果の活用方法

難易度 ★★☆☆☆

執筆：納見健悟（株式会社フリーランチ）

🔍 既存記事のリライトは成果が計算できる

リライトは成果につなげやすく、費用対効果も高い施策です。これは、リライトが計測結果を元に、改善策を検討することができるためです。

BtoBの場合、新規に作成した記事のリライトはもちろんですが、コーポレートサイトのサービス紹介ページなども効果が見込めます。既存コンテンツにリライトできるものがないか、検討してみましょう。

図1のように、記事別の状況をまとめておくと、リライトの方針を決定するときの有効な判断材料となるでしょう。

図1 個別記事の検索流入の状況を把握しよう

Search Consoleによる計測結果の集計と、改善のイメージ

記事タイトル	\<title\> タグ	\<meta\> タグの description	月間PV	クリック数上位	表示回数とCTR
Web上のタイトル	検索結果として表示されるタイトル	検索結果として表示される記事の説明文		検索経由で流入した数とキーワード	検索結果として表示された回数とそのキーワードでのクリック率
請求書に電子押印で効率化？「印鑑」の必要性を考える	請求書に電子押印で効率化？「印鑑」の必要性を考える｜フリーランチ流仕事術	請求書の作成を効率化するために必要なのが「電子押印」。印影の画像データを取り込んで請求書に貼り付ける……というわけです。	29	電子押印5／請求書電子印1	電子 押印　　50 10% 印鑑 面倒　　47 0% 請求書 押印　33 0% 請求書 印鑑 必要 31 0% 請求書 電子 印鑑 28 3.57%
	↓	↓		↓	↓
	ユーザーに即効性のないタイトルなので、ノウハウ記事に変更する	descriptionの内容が本文の書き出し部分を自動設定している状態で、検索ユーザーに最適化されていない		クリックにつながっているキーワードは、「電子押印」「電子印鑑」「請求書」	タイトルに含まれていない「電子印鑑」という検索ニーズもある

検索結果として表示されているが、\<title\> タグと \<meta\> タグの description の内容が最適化されていないため、①→②の順に実施
① title と description の内容をリライト
② 電子印鑑をベースにキーワードの見直し・本文のリライト

リライトの準備のため、Chapter1-09（→P32）で紹介したように、Google Search Consoleを活用して、個別記事の検索流入の状況を把握しましょう。流入キーワードごとに検索結果への表示回数や、クリックして記事にたどり着いた回数などを知ることができます。

リライトは、できることから始めよう

　個別記事の測定結果から、具体的な改善案を考えていきましょう。手軽にできるのがリライトの強みですから、一度のリライトであれもこれもと欲張る必要はありません。

　サイトを定期的に更新し、コンテンツの精度を高めていくことは、検索エンジンもポジティブに判断しています。Webの特性である更新の手軽さを活かして、空き時間に微調整を重ね、無理なく進めていきましょう。

　リライトといっても、簡易なものから時間のかかるものまで、さまざまです 図2 。すでに一度書き上げた記事があるわけですから、簡単に改善できるリライト方法から着手していきましょう。

図2 効果が出やすい、代表的なリライト方法

リライト方法	適用すべき状況	時間の目安
titleとdescriptionのリライト	・titleとdescriptionが設定されていない ・titleとdescriptionの使い回しをしている ・検索流入キーワードとタグに使っているキーワードがずれている	15〜30分
リードのリライト	・長文で記事を読むメリットが簡潔に示されていない ・検索キーワードに対する、回答がリードに書かれていない ・見込客である検索ユーザーの課題に寄り添った内容が書かれていない	30分〜1時間
キーワードの加筆・関連情報の追加	・想定していたキーワードの反応がイマイチ ・検索キーワードが想定したキーワードとずれている 　例：「電子押印」と想定していたが「電子印鑑」の方が検索されているなど	2〜4時間

計測結果をみながら、適切なリライト方法を選択しよう。これ以外の方法や、複数のリライト方法を組み合わせて実施することも可能

 まとめ 既存コンテンツのリライトは成果につなげやすい施策。Search Consoleの計測結果を元に、適切な方法でリライトしよう。

29 既存コンテンツのリライト② ―具体的な進め方

難易度 ★★☆☆☆

執筆：納見健悟（株式会社フリーランチ）

🔍 titleとdescriptionをリライトしよう

　一番手軽なリライトの方法として、検索結果に表示されるtitle要素（<title>タグ）とmeta要素（<meta>タグ）のdescriptionのリライトがあげられます。のように、BtoB企業の多くはtitleやdescriptionを設定していなかったり、同じキーワードを使い回していたりするなど、設定が不十分なケースもみられます。

　検索エンジンは、<meta>タグが設定されていない場合や、設定していても検索キーワードにマッチしないと判断した場合は、自動で本文から引用して表示します。しかし、自動的に引用された内容は、冒頭の文章やキーワード周辺の文章を引用するというものなので、人間が設定した文章と比べて違和感のある表示結果になってしまうこともあります。

　ユーザーのニーズを理解して、主要検索流入キーワードにマッチするtitleとdescriptionを設定しましょう。これらのリライトは簡単にできるので、時間があるときに検索結果を見ながらリライトしてみましょう。

> **POINT**
> titleにあたるのは、HTMLの冒頭にあるhead要素内の<title>○○○</title>となっている部分です。○○○の部分を書き換えるとtitleを変更できます。descriptionにあたるのは、同じhead要素内で<meta name="description" content="○○○">のようになっている部分です。content="○○○"の○○○の部分を書き換えるとリライトできます。

081

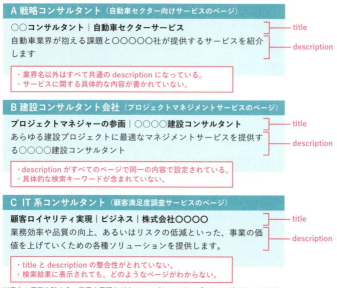

図1 titleやdescriptionの設定が適切でないBtoBの事例

※実在の事例を踏まえ、業界や用語などをアレンジして、サンプルとして表示しています。

🔍 記事の冒頭・リードを整理してみよう

　検索エンジン経由でユーザーがやってくる場合、ユーザーは記事を流し読みしながら、この記事を読むべきかを判断しています。BtoBの記事は、前フリがなく、いきなり技術的な内容から始まる記事も多いので、ユーザーの検索ニーズに寄り添った文章を冒頭に追記するだけでも、直帰率や滞在時間の改善につながる傾向にあります。

　リードのリライトは、直帰率やページ滞在時間を改善する効果が得られます。以下のようなポイントに配慮すると、効果が期待できるでしょう。

- 検索で流入してきたユーザー向けに、この記事を読むメリットを加筆する
- 関連記事やシリーズ記事は、初心者向けなどニーズに応じてレコメンドする
- 記事の見出しが多い場合は、目次を挿入する

> **POINT**　リードはユーザーに向けて、記事のメリットや全体像を伝えるもの。ユーザーに寄り添うことで、記事への関心を引くことができる。

キーワードを強めるリライトをしよう

　一定以上の検索結果への表示回数は発生しつつあるものの、主要な検索キーワードで検索トップ10にはいたっていない状態の場合、表示されているキーワードを強めるリライトを行ってみましょう。

　図2は、キーワードやキーワードに関連する用語（共起語）を強めた事例です。同じ構成の文章のままでも、具体的なキーワードを加えることで、検索表示を改善するだけでなく、読み手への説得力も強める効果が得られます。

図2　キーワードを強める加筆イメージ

原文

リスティング広告は、一定の効果が見込める施策です。
検索広告とディスプレイ広告という2種類の広告があります。

○○社は、リスティング広告の運用を通じて、御社の問い合わせ獲得に貢献いたします。

検索ニーズにマッチする用語を追記し具体性を高め、検索順位を高める意図でのリライト

SEOなど検索流入が十分に獲得できない段階では、リスティング広告は、一定の効果が見込める施策です。

リスティング広告には、ユーザーが検索キーワードを入力したときに表示される検索広告と、**バナーを表示させる**ディスプレイ広告の2種類の広告があります。

私たち○○社は、**お客さまの製品・サービスの特性や広告運用費の予算規模に合わせて、適切なリスティング広告の手法を選択し、問い合わせ獲得数を最大化することに**貢献いたします。

※実在の事例を踏まえ、業界や用語などをアレンジして、サンプルとして示しています。

シンプルな構造の文章でも、具体的な固有名詞を追記することで、濃い記事に変えられる。また、実務者にしか書けないキーワードを追記することでSEOだけでなく、読み手への説得力も増す効果も得られた

 まとめ　Search Consoleの計測結果に応じて、複数のリライト手法から効果が見込める方法を選択しよう。

30 分業のススメ①——企画と構成に沿った執筆依頼

難易度 ★★★☆☆

執筆：納見健悟（株式会社フリーランチ）

🔍 社員のノウハウを活かすコンテンツ制作法

　マーケティング立ち上げ期の会社では、マーケティング担当者はコンテンツ制作の専門家とみられ、企画・編集・執筆のすべてを担っているような状況もよくあります。

　BtoBのコンテンツ制作の難易度は高く、専門性の高い社員の話を聞き書きしても、行間を埋める作業が発生してしまいます。本人が書くよりも何倍もの時間がかかり、かつ正確さも落ちてしまいます。このような作成プロセスは、コンテンツ制作の負荷が高くなるため、持続可能とはいえません。

　また、外注先を探そうとしても、専門性の高いコンテンツを執筆できるライターは限られ、専門誌で執筆経験があるライターなど、発注先が限定されてしまいます。

　そこで、コンテンツの制作体制に目を向け、効率よく成果を上げられる方法を検討してみましょう。 図1 のように、現場担当者とマーケティング担当者の役割を見直すことで、コンテンツ制作にかかる手間の総量が軽減される効果が得られます。社員のノウハウを活用しながら、持続可能なコンテンツ制作プロセスを構築しましょう。

図1 現場担当者とマーケティング担当者の役割を見直そう

現場担当者とマーケティング担当者とのコンテンツ制作プロセスを再検討してみよう。作業の分担やプロセスが適切に設定することで、参加メンバーの時間短縮につながるだけでなく、コンテンツのクオリティの向上にもつながる

084

忙しい社員を動かす、依頼方法とは？

忙しい現場担当者を動かすためには、具体的なオーダーを出す必要があります。図2のように、

- 記事の目的
- キーワード
- 記事のタイトル
- 見出しレベルの構成

を決めて、執筆者が記事作成に集中できるようにしましょう。

社員に執筆を依頼する場合には、見込客となりうるユーザーが必要とする情報レベルを規定しましょう。Chapter2-24（→P68）で紹介したペルソナシートで読み手のイメージを明確に伝えるのも、有効な手段だといえるでしょう。

図2 記事タイトルと構成を考えて、オーダーしよう

記事の目的	業務用の3Dプリンターの仕様の違いを法人の担当者向けに解説し、購入へのハードルをさげ、問合せ・購入につなげる
キーワード	3Dプリンター　業務用　造形方式　試作
記事タイトル	試作に適した業務用3Dプリンターの造形方式を解説
構成案	●リード ●見出し1……試作には主にA方式・B方式・C方式が使われること、それぞれの方式の概要を解説する。 ●見出し2……最も一般的なA方式のニーズとメリット・デメリットを解説する。 ●見出し3……カラーで出力できるB方式のニーズとメリット・デメリットを解説する。 ●見出し4……高精度で出力できるC方式のニーズとメリット・デメリットを解説する。 ●まとめ………3つの方式の特徴をまとめ、3Dプリンターはニーズから選ぶことが大切だと解説する。

> **まとめ** 専門性の高い社員とマーケティング担当者の特性が活かせる、持続可能なコンテンツ制作の体制を確立しよう。

31 分業のススメ②
——初心者への執筆依頼

難易度 ★★★★☆

執筆：納見健悟（株式会社フリーランチ）

🔍 執筆オーダーシートをつくろう

　日々の業務に忙しい社員のノウハウを、効率的にコンテンツに落とし込むためにはどのような方策を取るべきでしょうか？　この記事では、執筆オーダーシートやマニュアルなど、実際の活用事例をもとに、専門性を有する社員のノウハウを、効率よくアウトプットにつなげる方法を紹介します。

　社員への原稿のオーダーに慣れていないと、一生懸命原稿を書いてもらっても、狙い通りの内容の原稿を回収できないこともあります。

　ユーザーに訴求するようなキーワードが盛り込めていなかったとか、具体的なメリットが不足しているなどは、よくあるケースといえるでしょう。専門知識は高いが、ライティングのトレーニングを受けていない社員に、執筆を依頼するときは、記事としてほしい情報を明確にする必要があります。

　大切なのは、指定したテーマに必要な、「中身の濃さ」や「技術的正確さ」です。反対に、社員が作成する原稿に必須ではないものとして、「感情に訴える文章」などの、文章表現があげられます。なぜなら、文章の稚拙さはあとから整えることはできますが、「中身の濃さ」や「技術的正確さ」は、ノウハウを持っている本人にしか書けないためです。

　中身の濃さを引き出すには、前節で解説した構成案に加えて、執筆オーダーシートをつくることで改善が見込めます。見出しにどのような方向性の内容・レベルのことを書いてほしいのかを明確にしましょう。

　具体的には、図1 の執筆シートのように「○○や××など、△△△△においては〜」における、「○○や××」の部分にあたる、具体的な固有名詞・キーワードの部分を、技術的なノウハウや顧客とタッチポイントがある担当者に書いてもらう必要があります。

　例えば、「3Dプリンターの特徴を理解することが大切です」という文章は誰でも書けますが、「インク式や積層式などの3Dプリンターの出力形式の特

徴を理解した上で、利用ニーズに適した選択することが大切です」という文章は、専門知識がないと書けないためです。

　実際には、より複雑な単語が並ぶのではないでしょうか？　それこそが、社員から引き出さなくてはいけない内容なのです。

図1　社員向けの執筆オーダーシートの例

オーダーシートのイメージ（書き出し部分）
（BtoB向けのWebマーケティングのコンサルのイメージ）

リード［お客さまに寄り添うパート］

● 修正ポイント
（検索流入やリスティングなどで、このページにたどり着く可能性も高いページです。お客さまの事情に寄り添った悩みや背景を書いて、関心や共感を引き出してください）
※○○や××には、具体的なサービス内容やキーワードを記載してください
● BtoB にも、○○や ×× など、ウェブマーケティングの重要性が高まっているという背景の説明
● BtoB において配慮するべきポイントを書く
例…マーケティングと営業（セールス）の連携など？
● お客さまのニーズを1つでいいので書いてください。
例…○○などのニーズが高まっています。

完成例

> BtoB においても、SEO や SEM（リスティング広告）など、Web マーケティングを活用した集客のニーズが高まっています。
>
> BtoB においては、マーケティングとセールス部門を横断し、全社的なマーケティング活動を実践することが成功の近道です。マーケティング活動を見える化し、自社のビジネスに最適化された施策の立案できる、マーケティングの専門家を活用するニーズも増えてきています。

※実在の事例を踏まえ、業界や用語などをアレンジして、サンプルとして示しています。

構成案を示してもポイントがずれる場合には、記事として欲しい内容やレベルを明確にした執筆オーダーシートを作成しよう。事前に相手に書いてほしい技術的なポイントを具体的に示すことで、必要な情報が盛り込まれた密度の濃い文章に変わっていく効果が得られる

🔍 社員の知見を活かすためには「型」が必要

　文章を書き慣れていない人に執筆のオーダーを出すと、責任感の強い人ほど「正しい文章の書き方ってどんなものだろう？」や、「うまい文章を書かなくてはいけない」という形式の部分で迷い、手が止まる傾向があります。

そこで、誰もがそこそこの文章にまとめられる、論理展開の「型」をつくっておきましょう。コンテンツ部分に集中してもらえる効果が得られます。図2のマニュアルの例では、見出しの冒頭で結論を示し、1〜2文の補足のセンテンスを追加し、最後に結論の言い換えをする型を提示しています。

　このように、見出しごとに3〜4文で構成する型をつくってしまえば、文章を書くという感覚よりも、知識を当てはめてアウトプットする感覚で執筆を進めてもらうことができます。

　文章の型を示すことで、文章を書くという抵抗感から開放してあげましょう。必要なものは、担当者が持っているノウハウです。依頼する社員に対して期待する内容を明確にし、アウトプットにつなげましょう。

図2　執筆マニュアルで文章の「型」を決めよう

- ●1つのパラグラフでトピック（テーマ）は1つにします。
- ●1つのトピックについて主題の表明→主題の説明→主題の要約という型を使います。

A. トピックセンテンス
・主題の表明（基本的に初めの1文、あるいは2文目）

B. サポーティングセンテンス
・主題の中身や具体例の説明（2〜3文くらいが読みやすい）

C. コンクルーディングセンテンス
・主題を要約してもう一度言う（1文）

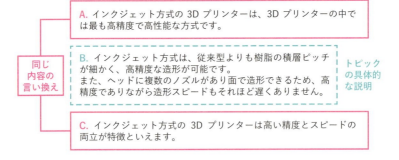

文章の論理構造を明確に決めることで、誰が書いても読み手に伝わる文章がまとめやすくなる。この事例では、パラグラフライティングという型を使って文章を書く方法を執筆者と共有した。文章の型を固定することで、執筆者は読み手に必要な要素を書くことに集中できる効果が得られ、さらに「うまい書き方とは何だろう？」といった迷いがなくなった［作成：大原明恵（株式会社フリーランチ）］

 まとめ　オーダーシートや執筆マニュアルなどの執筆の「型」をつくり、社員の負荷を減らし、効率よくアウトプットに変えていこう。

32 ユーザーの理解度に応じてコンテンツを改善する

難易度 ★★★☆☆

執筆：納見健悟（株式会社フリーランチ）

Q 問い合わせから、ユーザーの理解度がわかる

　Web経由での問い合わせが生まれるようになると、問い合わせフォームに記載されている内容から、ユーザーのサービス理解度がわかるようになります。ユーザーが問い合わせにいたるまでに、サイト経由でどれくらい理解が進んだのかを推測し、Webサイトのコンテンツや動線の改善につなげましょう。

Q 緊急性の高い問い合わせは、サイト改善のヒント

　サイト運営を開始したばかりの段階では、緊急性の高い問い合わせも多く、よい結果に結びつかないこともあります。緊急性の高い問い合わせが多い状況とは、事態が切迫しており、「背に腹はかえられない」ユーザーだけが問い合わせをしているということです。図1のように、「サービスについて聞かせてほしい」といったサービス導入以前の疑問や、問い合わせする側が緊急性の高い事情を抱えているケースはその一例です。こうした問い合わせは、問い合わせ対応の負荷も高く、ヒアリングや訪問などの回数も膨らみがちです。

　このような問い合わせが増えてきたら、問い合わせの質を改善するためにサイトコンテンツや動線の見直しを検討しましょう。

図1 問い合わせ内容から、サイトの課題をつかもう

求人に関するお問い合わせ［人材紹介会社の場合］

> この度１名の社員が退職する為、欠員募集と同時に増員も考えております。
> 募集に関して…（中略）…の有資格者が必須です。貴社で、求人をお願いする
> 場合どの様にすれば宜しいでしょうか。

> ・退職という緊急時のお問合せになってしまっている
> ・問合せ前のサイト回遊時に、サービスの導入方法を伝えられていない

サービスに関するお問い合わせ［Web マーケティングのコンサル会社の場合］

> 現在、ホームページの改修を行っているが、制作会社との相性が悪く、公開予
> 定を来月に控えているが、仕様が固まらない状況…（中略）…。
> ベンダーの切り替えも検討しており、御社が引き受けてもらえる可能性がある
> が、関心の有無を知らせて欲しい。

> ・途中段階でトラブルが起きて、やむを得ず相談という流れ
> ・Web 制作会社とコンサルタントの区別がついていない（会社の立ち
> 　位置が伝わっていない）

問い合わせ内容を元に、サイトの課題を抽出し、改善につなげよう

🔍 問い合わせの質を改善するコンテンツとは？

　問い合わせの質を改善するためには、問い合わせ前のユーザーに適切なコンテンツを読んでもらうことが大切です。図2 図3 のように、「よくあるご質問」や、サービスの「導入の流れ」を説明したページ、自社のサービスを活用している「事例」や「お客さまの声」などを追加しましょう。問い合わせにいたる動線を、これらのコーナーを経由するように配置すれば、ユーザーの疑問は解消され、より本質的な問い合わせへと変わっていくでしょう。問い合わせ担当者が何度も同じ質問に答えることはなくなり、訪問や提案の回数も劇的に減らすことができるでしょう。

図2 問い合わせの質を高める、コンテンツイメージ

改善項目	期待される効果
よくあるご質問の設置	初回問い合わせ前のユーザーの疑問を先取りし、よくあるご質問として掲載しておく。
導入の流れの設置	問い合わせ後、契約までの流れを知らせておく。ユーザーが問い合わせ後のアクションを理解していることで、訪問回数や問い合わせ対応コストを減らすことができる。
お客さまの声	自社のサービスを活用してくれた顧客のなかで、サービスの価値をよくわかってくれている顧客を選択し、掲載する。
○○社について	自社のセールスポイントがどこなのか、何をウリにしているのかをユーザーに伝えるページ。

ユーザーのサービス理解度や信頼性を高めるコンテンツの例。ていねいな情報提供を続けることで、問い合わせの質の改善につなげることができるだろう

図3 よくあるご質問の例

https://books.MdN.co.jp/faq/

まとめ　緊急性の高い問い合わせはサイト改善のチャンス。問い合わせの質が高まるコンテンツをサイト内に配置しよう。

BtoC向けの
コンテンツマーケティング

難易度 ★★☆☆☆

執筆：敷田憲司

🔍 BtoC向けのコンテンツマーケティング

　コンテンツマーケティングは、現在のマーケティングには欠かせない、有効かつ重要な集客方法だといえます。

　コンテンツマーケティングを行うにあたり、対象となるユーザー（お客様）によって、2種類に大きく分けられます。1つはBtoB（Business to Business）、もう1つはBtoC（Business to Consumer）です。BtoBは企業、法人同士で仕事、取引を行うものであり、BtoCは企業と一般消費者の間で仕事、取引を行うものです。ここでは、BtoC向けのコンテンツマーケティングについて解説します（BtoB向けはChapter 2-18〜32で解説）。

🔍 BtoBとBtoCの違い

　BtoC向けのコンテンツマーケティングで最初に意識しなければいけないことは、BtoB（法人）とBtoC（個人）ではプロセスが異なり、決済の権限を持つ人も違うということです 図1 。

　例えばあなたが個人的に何らかの商品を購入する、サービスを申し込む場合、その決定権はあなた自身が持ち、あなた自身が代金を支払うことでしょう（親や配偶者の了承が必要な場合など、決定権を持っていないとしても、時間はさほどかからないでしょう）。

　これがBtoBの場合だと、そんなに簡単な話ではなくなります。例えばあなたが業務で使う、必要と感じる商品やサービスだったとしても、すぐに手に入れることはできません。まずは現場の上長の承認を得るための説得材料として、長期的な視点での費用対効果などを説明する必要が生じ、上長の承認が得られてはじめて、さらに上の社長を説得でき、最後に社長の承認が得られれば晴れて決済が下ります。このように、BtoBの場合は自分の手に届

くまでにはかなりの時間を要することになります。この例において決済の権限を持つのはあなたではなく社長であるから複雑になるともいえます。

プロセスと決済の権限を持つ人がBtoBとBtoCでは異なり、BtoC向けのコンテンツマーケティングを行う上では一番意識しなければいけないことだといえます。

図1 プロセスの違い

BtoBのノウハウをBtoCに活かす

BtoBとBtoCには違いがあるとはいえ、BtoBの企業、法人がBtoC向けのコンテンツマーケティングには適さないということはありません。

BtoBだからこそ知り得るノウハウを活かして、商品やサービスを一般の消費者向けに提供、還元することはどんな業種でも行われることです。また、一般の消費者に届きにくいためにBtoCのニーズに気がつかないことも往々にして起こります。まだ世に出ていない、隠れたニーズのある情報を周知、拡散するという意味でも、オウンドメディアを使ったコンテンツマーケティングはうってつけの方法といえます。さらに、BtoBの企業がBtoCのコンテンツマーケティングを行うことは、本業をさらに飛躍させるきっかけにもなりえるので、挑戦する価値は十分にあるといえるでしょう。

まとめ BtoBとBtoCのコンテンツマーケティングではプロセスと決定権を持つ人が異なるが、BtoBのノウハウはBtoCにも活かせる。

34 BtoC向けオウンドメディアのつくり方

執筆：敷田憲司

BtoCのオウンドメディア

　Chapter 2-15（→P46）で解説したように、オウンドメディアとは「コンテンツマーケティングをかなえるメディア」といえます。

　特にBtoCのオウンドメディアはSNSとの相性がよく、SNSで話題になる（バズる）と瞬く間に拡散、周知され、ユーザーが一気に流れ込んでくることでアクセスが大幅に増えます。

　しかし、オウンドメディアの目的が情報の拡散、周知であっても、自分が発信したものが常にSNSで話題になるとは限りません（むしろバズることのほうが圧倒的に少ない）。また、目的が情報の拡散、周知からアクセス（PV数）を増やすことにすり替わってしまうと、自身のオウンドメディアのテーマにそぐわないコンテンツや挑発的で過激なコンテンツを量産してしまい、見込み客以外の人（いわゆるアンチ）も多く引き寄せてしまうことにもつながります。

　そうならないためにも、なぜオウンドメディアを運営するのか、そしてその目的は何なのかをできる限り具体的に決めておく必要があります。

目的を達成するためのコンテンツを用意する

　オウンドメディアの目的が自社商品の購買やサービスへの申し込みであるならば、商品やサービスの説明ページだけでなく、実際に申し込みを行うためのフォームを実装するとよいでしょう。知名度を上げる、ブランディングが目的なら、専門である、かつ権威があることを裏付けるために、難解なテーマを一般の人でも理解できるようわかりやすく解説したコンテンツを作成するとよいでしょう。

　このように目的に応じたコンテンツを作成（用意）することこそがコンテ

ンツマーケティングであり、オウンドメディアのつくり方です。つまり、最初に目的を決めるからこそコンテンツを作成でき、オウンドメディアが形づくられていくのです。この順番を間違えないようにしてください 図1 。

図1　目的に合ったコンテンツを作成する

目的によってコンテンツをつくるからこそ、オウンドメディアが形づくられていく

POINT　とりあえず開設し、運営を行いながら目的を決めても問題ないが、最初から曖昧な運営だといつまでたっても目的が見つからなくて運営を止めてしまうのが関の山。できれば最初に目的を決めておこう。

BtoCのオウンドメディアの形式

　Chapter2-16（→P48）で例に挙げたように、最近のオウンドメディア、特にBtoCのオウンドメディアではブログ風メディアが流行しています。

　時系列で情報発信することに適しているブログ風メディアのほうがコンテンツの管理が容易で、一般的なサイトと比べて「堅苦しい仕事の話題ばかりでなくても許される」という雰囲気があることが流行の理由です。

　もちろん、BtoCだからブログ風メディアでなければいけないわけではありません。一般的なWebサイトの形式や、コーポレートサイトに紐づけた個別のコンテンツページであってもかまいません。

　ただし、SEO（ドメインの評価を上げること）も目的の一つにするなら、本体サイトのドメイン配下に（サブディレクトリに）オウンドメディアを配置することが好ましいでしょう。

　まとめ　重要なのはコンテンツそのもの。そのコンテンツが十分に評価されるには、オウンドメディアの基礎を考えた上で開設するのが大切。

35 BtoC向け オウンドメディアの企画

執筆：敷田憲司

🔍 目的がハッキリすれば企画が立てられる

いざコンテンツを作成しようとしても、「何を書けばよいかわからない」という人も少なくないでしょう。この「何を書けばよいかわからない」現象は、コンテンツの元となる企画がないことに起因します（企画どころか目的がない、だからコンテンツも書けないというループにはまっている場合もあります）。

そもそも、企画は目的がはっきりしているからこそ立てることができるものです。つまり、目的に沿った企画があるからコンテンツがつくられ、そしてオウンドメディアも形づくられるのです（企画は設計書、コンテンツは道具と考えるとわかりやすいでしょう。目的を達成するための道具をつくるときに設計書がなければ道具はつくれません）。

🔍 目的に沿った企画の立て方

もちろん目的が違えば企画内容も違うだけでなく、コンテンツも違ってきます。例として、BtoCのオウンドメディアの目的に応じた企画を考えてみましょう。自身のオウンドメディアの目的と一致する、もしくは近いものを企画の参考にしてみてください 図1 。

1. ブランディング

自社の知名度やイメージの向上が目的であれば、自社のコンセプトを含めた情報の拡散や周知はもちろん、お客様と一緒に共感することが不可欠です。具体的には「偽りのない誠実でわかりやすいコンテンツを介してコミュニケーションをとる企画」が望ましいといえます（次節で詳しく解説）。

2. コンバージョン（成約）

目的が自社の商品の購入や、サービスの申し込みなど「コンバージョン（成約）」が目的の場合、申し込みの窓口となる「申し込みフォーム」の設置や「電話番号」の掲載も必要ですが、何も知らないお客様がいきなり購入、申し込みを行ってくれることはほぼありません。よって、「商品のスペック紹介や具体的なサービス内容を説明するコンテンツ企画」を用意する必要があります（Chapter 2-38で詳しく解説）。

図1 目的別の企画、コンテンツの役割

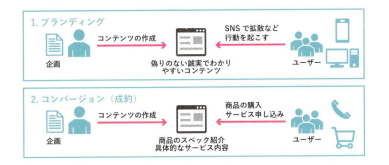

POINT　どちらの企画も、受け手である「お客様の立場」で考え抜いた企画を立て、コンテンツをつくることが肝要。

🔍 BtoCは「広く浅く」と捉えがちだが…

BtoCのオウンドメディアはブランディングが目的となることが多く、そのため「広く浅く」ユーザー（お客様）を集める企画が立てられ、コンテンツも量産される傾向にあります。しかし、肝心のコンテンツの中身が「広すぎて浅すぎる」場合は特徴も一貫性もない、ユーザーの誰にも当てはまらないコンテンツができあがってしまうこともあるのです。そうならないためにも「コンセプトを決めて絞る」こともオウンドメディアでは大切です。

 まとめ　企画はコンテンツの設計図。設計図が優れていれば、コンテンツも自ずと優れたものになるだろう。

BtoC向けコンテンツのコンセプトメイキング

36

難易度 ★★★★☆

執筆：敷田憲司

Q コンセプトとは何か？

コンセプトとは、概念や観念を指す言葉であり、企画や広告、作品や商品など全体の観点、基本的な考え方と定義されています。これはBtoBだけでなくBtoCの企画やすべてのオウンドメディアにも当てはまる重要な概念だといえます。

前節でも触れたとおり、BtoCのオウンドメディアの目的は「ブランディング」であることが多く、広く浅くお客様を集めるためにコンテンツを多産する傾向にあります。しかし、多産するだけで肝心のコンテンツの中身に一貫性がないと、読者の誰にも当てはまらないコンテンツになってしまうのです。そのためにも、コンセプトを決めて絞ることが重要です。

Q なぜ誰も読まないコンテンツになるのか

なぜ、広く浅くお客様を集めるコンテンツは一貫性のない、誰も集まらないものになってしまうのでしょうか？それは良くも悪くも「平均点なコンテンツ」にしかならないからです。

コンテンツを「参考書」に例えて説明しましょう。ここでの目的は「生徒の学力アップ」と定義します。もしあなたが参考書をつくる場合、どんな参考書をつくりますか？　ほとんどの方が多くの生徒に受け入れられることを考えて、「平均的な学力レベルの参考書をつくる」のではないでしょうか。

しかし、この考え方が大きな間違いとなる場合があります。極端な例ですが、生徒が10人いて、テストの点数は6人が80点、4人が20点だったとします。この場合、平均点は56点になります。

平均的なレベルの参考書をつくる、すなわち「56点の学力を持つ生徒に合わせた参考書をつくる」ことになりますが、残念ながらこれではどの生徒に

も受け入れられない参考書ができあがってしまいます 図1。

なぜなら、80点を取った生徒にとって、この参考書は「わかっていることが書いてある中身が薄い参考書」となり、逆に20点を取った生徒にとっては「理解するのが難しい参考書」となってしまうためです。これが「平均点なコンテンツ」が誰にも読まれない（誰にも当てはまらない）理由です。

図1 平均点なコンテンツ（例：参考書）

※この参考書は「どの生徒にも受け入れられない参考書」になってしまう

POINT 間口が広いということは、逆に的が絞られていないということでもある。コンテンツが受け手であるユーザー（お客さん）から興味がないと判断されてしまえば読まれることはない。

🔍 コンセプトを決めて的を絞る

先に紹介した参考書の例なら、「80点の人の知識をさらに深めるコンテンツ」、もしくは「20点の人の基礎知識を底上げするコンテンツ」がコンセプトを決めて的を絞った適切なコンテンツだといえます。

もちろん両方のユーザーを集めることをコンセプトとしてもかまいませんが、レベル（知識量）の違うコンテンツを最初から多数作成して管理するのは難しいため、まずは一つに的を絞ることをおすすめします。

あなたが集めたい（コンテンツを読んでもらいたい）と思っているユーザーが、どのくらいの知識や情報をほしがっているかを見極め、コンセプトを決めましょう。

 まとめ コンセプトを決めると、コンテンツはもちろんオウンドメディアの軸もブレにくく、長期的なオウンドメディア運営の助けとなる。

BtoCに向けたコンテンツの構成

難易度 ★★★☆☆

執筆：敷田憲司

「起承転結」が常に正解とは限らない

　BtoCのコンテンツはテキスト（文章）中心で組み立てられるケースが多いものです（画像や動画を含めて作成することでインタラクティブなコンテンツにする場合もあります）。ほぼテキストのみでコンテンツを作成するとなると、ユーザー（お客様）が読みやすいように文章の構成を組み立てることが肝要となります。

　一般的に、文章構成の基本的な形は「起承転結」だといわれていますが、起承転結がすべてのコンテンツの構成に適しているとは限りません。

　むしろBtoCのコンテンツに関しては、当てはまらないことが多いともいえるのです。起承転結は小説などの物語の流れに沿うことには適している構成ですが、ビジネス文章など、「結論」を大事にする場合や、必要な情報をすばやく伝えるための文章構成としては不向きです。

Webコンテンツは結論を先に

　Web上で表現されるコンテンツで、いつまでたっても結論に至らない文章では多くのユーザーは最後まで読まずに途中離脱してしまいます。

　ユーザーが検索エンジンから「知りたい答えを探して」コンテンツにたどり着いたのに、起承転結で順序立てて回りくどく説明されても、最後まで読もうとは到底思えないからです。

　また、起承転結の「起」はすでに知っていてコンテンツを閲覧しているユーザーも多く、その上「転」で、これまでの文章と展開が違う文章が書かれていると、ユーザーが混乱してしまうデメリットが生じる可能性すらあります。

　BtoC、BtoBコンテンツに限らず、すべてのWebコンテンツは「結論を先に書く」ことが重要であり、Webコンテンツの構成の一つの形なのです 図1 。

図1 Webコンテンツの構成

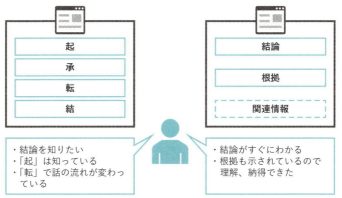

※ユーザーは「結論」を知りたい（潜在的に求める情報があればなおよい）

> **POINT**　コンテンツマーケティングの考え方に「カスタマージャーニー」という考え方があるが、顧客体験、購買プロセスを重視した考え方のため、これも起承転結の構成には適さない。

ユーザーは潜在的に「根拠」も求めている

　ただし、ユーザーが「結論」を求めているからといって、結論だけのコンテンツではユーザーに十分な満足感を与えることはできません。

　実はユーザーは結論だけでなく、潜在的にはその結論を理解、納得できるだけの「根拠」となる情報も求めているのです。

　結論だけでなく根拠も示すことで、ユーザーに満足感を与えるコンテンツを提供し、あなたが行うコンテンツマーケティングを推進させましょう。

まとめ　結論と根拠を掲載することはもちろん、関連情報などもあわせて掲載するとさらにユーザーの満足度は増すだろう。

BtoC向けの商品・サービスページ

難易度 ★★★☆☆

執筆：敷田憲司

必要なコンテンツを把握する

　BtoCのオウンドメディアにおいて、自社の商品の購入や、サービスの申し込みなど「コンバージョン（成約）」が目的の場合、用意しなければならないコンテンツにはさまざまなものがあります。

　まずはスタンダードなところでは、申し込みの窓口の機能を果たすWebページとして電子メール形式で依頼を受ける「申し込みフォーム」の設置が挙げられます。ほかにも電話で依頼を受けるのであれば「電話番号」の掲載や、手紙からの依頼も受けるのであれば送り先の「住所」も載せる必要があります（今ならSNS経由での依頼も受けるということも方法の一つです）。

　しかし、これらは自社の商品やサービス内容をすでに知っているお客様が使うコンテンツであり、何も知らないお客様や、初めてオウンドメディアを閲覧したお客様がいきなり購入、申し込みを行うために使ってくれることはほぼありません。そんなお客様にこそ「商品のスペック紹介や具体的なサービス内容を説明するコンテンツ」が必要であり、BtoCではこのコンテンツを作成することが大切なのです。

お客様は「何ができるか」を知りたい

　実は、商品のスペック紹介や具体的なサービス内容を説明するコンテンツだけでは、提供する情報としては不十分、お客様が購入や申し込みにいたる要素としてはまだまだ弱いコンテンツだと言わざるをえません。

　では、どうすればお客様は購入や申し込みにいたる、決済の決断をしてくれるでしょうか？　Chapter2-33（→P92）でも説明したように、BtoCでも「比較」「検討」が行われて「決済」にいたるため、お客様が「比較」「検討」を十分に行えるコンテンツを作成することが必要なのです。お客様が知りたい情報は「商品

のスペック紹介や具体的なサービス内容」ですが、潜在的には「その商品やサービスを使うことで何ができるか」を知りたいのです。「ユーザーにとってどういうメリットがあるのか」についても積極的に情報を発信していきましょう。

図1 商品・サービスページの一例

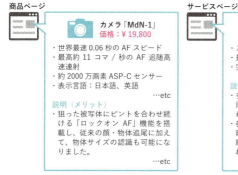

※ スペックやサービス内容も知りたいが、自身にとってのメリットを一番知りたい（比較、検討に直結する情報である）

POINT　「潜在的にほしい情報を適切な形で提供すること」がオウンドメディアの存在意義であり、コンテンツマーケティングの最大のポイント。

🔍 情報が多すぎてもかえってマイナスに

　お客様に多くの情報を提供することはよいことですが、たくさんの情報を掲載しすぎないよう留意しましょう。情報の網羅性とSEOの影響を意識したコンテンツとして「長文」がもてはやされていますが、文字数ばかりを増やした長文コンテンツは、「詳しい文章」とはいえません。また、長文でも中身のない文章だと、お客様にとっては必要ない情報が多く含まれるコンテンツとなり、逆にコンバージョン率を下げることにもなります。

　「人は選択肢が増えすぎると逆に選べなくなる」ともいわれます。お客様が十分に「比較」「検討」が行える情報に絞ったコンテンツを作成しましょう。

 まとめ　無駄な情報を削除すると、シンプルでわかりやすいコンテンツに変わり、コンバージョン率の向上にもつながる。

BtoC向けメディアのSEOのポイント

39

難易度 ★★★★★

執筆：敷田憲司

SEOを意識してコンテンツを作成する

　SEOを意識してコンテンツを作成するとなると、検索キーワードの意図に沿ったコンテンツページを作成することが一般的です。また、SEOをまったく意識しないよりは少しでも意識したほうが検索評価が上がりやすいコンテンツを作成できる可能性は高まりますが、「SEOはあくまで集客手段の一つ」であり、手段を目的にしてはいけません。

　特にBtoCのコンテンツ、オウンドメディアであれば、ユーザー（お客様）のほしい情報を提供することはもちろん、ちょっとした意識を持ってコンテンツを作成することで、読みやすく、かつ、検索評価も上がるコンテンツに仕上がる可能性が高いので、次節に記述していることを参考にコンテンツを作成してみてください。

検索意図を適えるコンテンツ

　本書で繰り返し説明している通り、SEOで人を集めるには、「検索上位に表示させる」ことを目的にするのではなく、「ターゲットとなるユーザー（閲覧してもらいたいユーザー）の知りたいこと、知ってほしいことをわかりやすく説明する」ことを意識してコンテンツを作成する必要があります。

　具体的なコーディング方法などはChapter4（→P163〜）でも説明しますが、まずは以下のことを意識して企画を立て、コンテンツを作成してみてください 図1 。

図1　検索意図をかなえるコンテンツ

1. 問題解決型	検索エンジンから Web コンテンツにたどり着くユーザーは、知りたい答えを探してコンテンツにたどり着く。つまり、ユーザーは何らかの疑問や問題を抱えているため、コンテンツは問題解決型であることが望ましい。(逆に「共感型」のコンテンツは SNS ではバズりやすいコンテンツだが、検索意図をかなえるにはそぐわない型だといえる)
2. タイトルと見出しで内容が把握できる	ユーザーの抱える疑問や問題の度合いにもよるが、コンテンツを隅から隅まで読むユーザーは意外と少ない。検索から流入するユーザーがタイトルと description（概要文）でコンテンツ内容を判断するように、タイトルと見出しを読めばコンテンツ内容がほぼ把握、理解できるようにするのが望ましい。
3. 適度な情報提供	ユーザーのほしい情報である「結論」は当然必要だが、それだけでなく根拠や参考となる関連情報を合わせて提供することが望ましい。しかし、情報の網羅性を意識しすぎて必要以上に情報を掲載するとユーザーが飽きてしまい、途中離脱の原因になることも。適度にコンテンツを分け、内部リンクでつなぐことでオウンドメディア内を回遊しやすくするとよい。

POINT　特に「3. 適度な情報提供」は、コンテンツ単体ではなくオウンドメディア全体（ドメイン単位）でSEOを底上げする（検索評価を上げる）という考えにも通ずる。

🔍 複数のページで検索ユーザーの意図を満たす

　SEOを意識すると、コンテンツページ単体の検索順位を上げることばかりを考えてしまい、網羅性を気にしすぎて一つのページに情報を詰め込みすぎてしまいがちです。取り扱うテーマや話題によっては、一つのページに多くの情報を収めてしまうと逆に読みにくいページになってしまい、ユーザーを途中離脱させてしまう原因にもなるのです。

　このような場合こそオウンドメディアの特性を生かして、複数のページと内部リンクを使って情報を整理するという考えを持ちましょう。適切な内部リンクは、サイト構造とページ同士の関連性を検索エンジンに伝えることができ、サイト内を巡回しやすくなるとインデックスもされやすくなるだけでなく、オウンドメディアの利便性も上がることになります。

まとめ　適切な内部リンクはサイト内でのユーザーの回遊をスムーズにさせるため、それに準じてPVも増え、コンテンツの評価も上がる。

記事を読みやすくする デザインのポイント

難易度 ★★☆☆☆

執筆：岡崎良徳

デザインが悪いとコンテンツは読まれない

コンテンツの詳細をつくり込む前に注意したい点がデザインです。コンテンツマーケティングでは文章がメインのコンテンツとなるケースが多いですが、読みにくいデザインにしてしまうと、どんなにコンテンツの内容が優れていてもユーザーに読まれなくなってしまいます。

ここでいうデザインとは「見た目の格好よさ」ではありません。むしろ格好よさばかりを追求したせいで読みにくいデザインとなってしまっているケースが珍しくないのです。フォントサイズが小さすぎるサイトや、文字色が背景色に溶け込んでしまって、肝心のテキストが読みにくいサイトを見たことがある人も多いのではないでしょうか。

ここでは、コンテンツマーケティングの主役となる文章が読みやすいデザインにするための基本的なポイントを解説します。

フォントサイズ、行間と1行あたりの文字数

小さい文字が余裕なくぎゅっと詰まったページは読みづらいですよね。人それぞれ好みはありますが、行間と文字数に余裕を持たせたほうが読みやすいのは間違いありません 図1 。

Webサイトを制作するときは、本文エリアの文字サイズは全ページで共通とすることが多いため、まずは基本設計のところで読みやすいフォントサイズ、行間、1行あたりの文字数が担保されるようにしましょう。一般的に読みやすくなるといわれている数値を以下に示します。ターゲットユーザーが高齢者の場合などは、もっと大きくゆったりとさせてもよいでしょう。

- フォントサイズ … 14px〜16px
- 行間の間隔 … 文字の高さの50%〜100%
- 1行あたりの文字数 … 全角35字〜40字

また、フォントそのものもPOP体などの変わったものは使用せず、メイリオ系や明朝系、ゴシック系などの基本的なフォントにしてください。

図1 行間が詰まりすぎていると読みづらい

行間が詰まった文章

吾輩は猫である。名前はまだ無い。どこで生まれたか頓と見當がつかぬ。何でも暗薄いじめじめした所でニャー／＼泣いて居た事丈は記憶して居る。吾輩はこゝで始めて人間といふものを見た。然もあとで聞くとそれは書生といふ人間で一番獰悪な種族であつたさうだ。

適切な行間の文章

吾輩は猫である。名前はまだ無い。どこで生まれたか頓と見當がつかぬ。何でも暗薄いじめじめした所でニャー／＼泣いて居た事丈は記憶して居る。吾輩はこゝで始めて人間といふものを見た。然もあとで聞くとそれは書生といふ人間で一番獰悪な種族であつたさうだ。

空白行、画像などでテキストの密度を下げる

いくらフォントサイズや行間を調整して余裕を持たせても、テキストばかりがつらつらと続くコンテンツは読みづらい印象を与えるでしょう。文章の切れ目がないと、同じ行を何度も追ってしまい、なかなか読み進められないといったことも起こります。

これを防ぐためには以下のような工夫が有効です **図2** 。

- 段落ごとに空白行を入れる（3〜4行ごとが目安）
- 1〜2スクロールごとに画像や図表を入れる
- 話題ごとに小見出しを入れる

図2 画像や空白行でテキストの密度を下げる

テキストの密度が低いと読みやすく感じる

強調タグを多用しすぎない

　読者にアピールしたい箇所を太字や赤字にすることはよく行われますが、使いすぎると逆効果です。書いている側からするとすべての文章を丹念に読んでほしいと思うのが人情ですが、読者からするとあちこち強調ばかり使われていてはどこに注目をしたらいいのかわかりません。

　「強調タグは小見出し1つに対して1つまで」などとルールを決めて、使いすぎないようにしましょう。また、フォントカラーを必要以上に変えたり、さまざまなフォントサイズを多用したりするのも読者の混乱を招くため推奨しません。

あらかじめ装飾を設定するHTMLタグ

　テキストコンテンツを制作するときに使用することの多いHTMLタグには、あらかじめCSSで決まった装飾を設定しておくとよいでしょう。以下に私が装飾を設定しておくことが多いHTMLタグを紹介します。

- <h2>〜<h5>タグ…小見出しを表すタグ。大見出しを表す<h1>は本文中で使用しないので別途設定する
- <li>タグ…箇条書きを表すHTMLタグ
- <blockquote>タグ…引用箇所を表すHTMLタグ
- <strong><em>タグ…強調を表すHTMLタグ。どちらを使ってもよい

- `<a>`タグ…ハイパーリンクを表すHTMLタグ
- `<table>`タグ…「表」を表すHTMLタグ

　Wordpressの場合、有償・無償問わず多くのテンプレートでこれらのタグにあらかじめ装飾が設定されています。どんなデザインにするか悩んだときには、それらのテンプレートを参考にしてもよいでしょう 図3 。

図3　主要HTMLタグが装飾されているWPテーマ例

Wordpressの人気無料テーマ「STINGER 8」デモより（http://wp-fun.com/）

🔍 公開前に第三者のチェックを入れる

　原稿を書き上げ、装飾を施し、いざコンテンツを公開…とする前に、ほかの人に記事をチェックしてもらうことをおすすめします。これは、自分自身では読みやすく仕上げたつもりでも、第三者から見ると意外に読みづらいことがあるためです。また、第三者のチェックを入れることで、コンテンツ自体のミスも見つかりやすくなります。

　チェックを依頼できる相手がいない場合には、原稿を書いてから時間をおいて自分でチェックをするのも有効です。原稿からいったん離れることで冷静になり、第三者に近い視点でのチェックが可能になります。

 まとめ　一度基本を固めれば記事ごとにデザインを整える作業にさして手間はかからないので、はじめのうちに固めてしまおう。

41 シェアされやすい コンテンツづくりのポイント

難易度 ★★★★☆

執筆：岡崎良徳

🔍 SNSでシェアするユーザーの動機を知ろう

現在のコンテンツマーケティングにおいて、SNSでシェアされることは大きなメリットがあります。露出が増加することはもちろんですが、SEOの観点からはバックリンクの獲得につながっていくためです。シェアされるコンテンツをつくるためには、まずシェアをするユーザーの動機を知る必要があります。シェアをする動機は大きく以下の3つに分けられます。

1. ブックマーク代わり
あとでそのコンテンツを読み返すためのブックマーク代わりのシェアです。長文やまとめ記事がシェアされやすいのはこの性質のためだといえるでしょう。

2. 人によく思われたい
SNSでつながった知人や友人からの評価を高めるためのシェアです。英語の学習記事や、社会問題に関する記事がシェアされやすい要因です。前者であれば「勉強熱心な人」、後者であれば「社会問題について真剣に考えている人」といった評価が得られるという期待が根底にあります。

3. 自己表現をしたい
シェアをするコンテンツへの共感や反論のコメントを通じて自己表現をするためのシェアです。残業に苦しんでいるサラリーマンがブラック企業への批判記事をシェアしたり、政治関連の話題で異なる立場の記事を批判したりするのはこの動機が要因といえます。

> **POINT**
> 一時期「炎上マーケティング」という言葉が流行ったが、これは読者を挑発して怒りからのシェアを引き出す手法。一時的に数字が上がっても、ブランドを傷つけるためおすすめしない。

🔍 シェアされやすいタイトルのポイント

　シェアを狙う上で、どのような記事のタイトルをつけるかは非常に重要です。特に爆発的なシェア、いわゆるバズを狙うのであれば、タイトルは特に力を入れて考えた方がよいでしょう。注意を引けるタイトルだと、記事を目にしたときにシェアの連鎖が起きやすいからです。以下に、シェアされやすいタイトルをつけるためのポイントを挙げます。

1. 前半で注意を引きつけ、後半で内容を補足する

　「起業失敗リスクを下げる！バックオフィスを効率化して本業に集中させてくれる7個のサービス」といったタイトルです。

2. 引きの強い要素はなるべく前の方に入れる

　多くのSNSではタイトルが長すぎる場合に後半を省略します。引きになるポイントが省略されないよう、35字程度を目安として、それまでに引きの強い要素を入れるようにしましょう。

3. 数字を入れる

　コピーライティングの世界でよくいわれることですが、数字を入れたコピーは目を引きやすいといわれます。「7つの習慣」「5つの法則」のように、タイトルに数字を入れてみましょう。

　いくら注意を引いても内容と異なるタイトルでは「釣り」になってしまい、ユーザーの期待を裏切ってしまいます。これらのポイントに注意しつつ、記事内容を正しく表すタイトルをつけるよう心がけてください。

　「はてなブックマーク」において実際に数多くのシェアをされた記事のタイトルを改悪したものと、もとのタイトルを記載したものを 図1 にまとめたので、参考にしてください。

> **POINT**
> 「フェイクニュース」が社会問題として取り沙汰されている昨今、情報の真偽や出所が怪しい情報はシェアされにくい。筆者を明記したり、自らの体験談を折り込むことで、コンテンツの信頼性を高める工夫も必要だ。

図1 悪いタイトル・良いタイトルの例

悪いタイトルの例

- インテリアコーディネイトの参考サイトまとめ
- 東京都内で食べ放題の寿司屋
- アイディア雑貨・ガジェット・インテリアサイト集
- 服が臭くならない方法
- 正しい寿司の食べ方をやってみた

➡ 具体性・特別感に乏しく、読む気が起きない

良いタイトルの例

- 婚活力が120%向上する！インテリアコーディネイトの参考サイト12選
- 高級寿司も好きなだけ！東京都内で夢のように食べ放題できる寿司屋4選
- ブックマークしておきたいアイディア雑貨・ガジェット・インテリアが見つかるサイト17+1選まとめ
- 一人暮らしを始めた新入学生・新入社員へ、15秒でできる服が雑巾臭くならない方法
- クックパッド史上、最もはてなブックマークのついた至極のおかずレシピ15選
- 寿司屋の主人が教える「正しい寿司の食べ方」を実際にやってみたら、いつもの倍美味しくなって驚いた…！

POINT
ネットでウケのよいタイトルには流行や旬も存在する。はてなブックマークやスマートニュースなどのキュレーションメディアを日頃からチェックしていると、シェアされやすいタイトルを考える嗅覚が身につくだろう。

まとめ 多くの人にシェアされるコンテンツをつくるのは難しいが、成功すれば大きなメリットがある。ぜひチャレンジしてみよう。

Chapter

3

SEOで効果を上げる
ライティング術

42 外注を活用したコンテンツ制作のポイント

難易度 ★★☆☆☆

執筆：岡崎良徳

🔍 リソースが足りなければ外注を活用しよう

コンテンツマーケティング、コンテンツSEOを実施するにはたくさんのテキストが必要です。そのためには執筆にかけるリソースが求められますが、社内ではどうしてもそれが捻出できないというケースもあるでしょう。そんなときに検討したいのが外注の活用です。

ランサーズやクラウドワークスといったクラウドソーシングのマッチングサービスが普及したおかげで、外注するライターを探すのは以前より容易になっています。クラウドソーシングサイトに登録しているライターの場合、ジャンルや経験にもよりますが、およそ1文字あたり1.0円～3.0円程度で発注できることが多いです。編集プロダクションやコンテンツ制作会社に依頼をするのに比べるとかなりコストを抑えられるのではないでしょうか。

🔍 ライターリクルーティングの方法

ライターと一口にいっても、得意としているジャンルは人によってさまざまです。自社の扱うジャンルに詳しいライターへ依頼をしたほうがより品質の高い原稿になるのは言う間でもありません。多くのクラウドソーシングサイトでは、登録しているユーザーのスキルやプロフィールが確認できるようになっています。プロフィールに記載された実績や経歴を確認することで、そのライターが発注予定のジャンルに詳しそうかどうか、ある程度は推測できるでしょう。

依頼できそうなライターの候補を見つけたら、メッセージ機能などを使って個別に連絡してください。連絡する際には、案件の概要や掲載予定の媒体（制作中の場合はその旨を伝える）、テーマ、文字数、報酬などをなるべく詳しく記載しましょう。曖昧な案件ではライターも依頼を受けるべきか判断が

難しいためです。また、声かけの際は軽くプロフィールに触れるとよいです 図1 。「自分のスキルや実績をきちんと見た上で声をかけてくれている」とよい印象を与えやすいからです。

依頼が承諾されたら、まずトライアルで1記事を発注しましょう。実績や経歴のみでライターの実力を完璧に把握するのは困難なため、実際に執筆してもらった原稿を見て実力を確かめるためです。トライアル原稿を見て問題がなければ、継続して発注をしていきましょう 図2 。

図1 ライターへの声かけ文例

はじめまして。
株式会社■■の△△と申します。
突然のご連絡にて失礼いたします。

プロフィールに記載されている実績「占い師のゴースト、その他心理テスト、風水」を拝見しまして、
ぜひご相談したい案件があり、ご連絡をいたしました。

以下に詳細を記載いたしますので、ご検討いただけないでしょうか？
お引き受け頂ける場合は、別途案件を作成して直接依頼をさせていただきます。

――――――――――――――――――
■案件概要：
占い情報メディアに掲載する「公開占い」の執筆依頼。
相談はクラウドソーシングで募り、
集まったものの中から選んで回答いただく流れをイメージしています。
■掲載媒体：
http://●●●●●●.net/
■テーマ：
恋愛・結婚・離婚等を中心に考えておりますが、
得意分野などありましたらご提案いただければ検討致します。
■文字数：1200 字以上
■記事数：毎月 10 本継続予定
■希望単価：●●●●円（ランサーズ手数料別・消費税別）
■備考：
・ご希望であれば記名記事として掲載します。
　プロフィールやブログ等へのリンク設置も可能です。
・匿名希望の場合、本サイト用のペンネームで執筆いただきます。
――――――――――――――――――
不明な点がございましたらお気軽にお問い合わせください。
ご検討のほどよろしくお願いいたします。

> プロフィールの内容に具体的に触れる

> 依頼したい案件の内容はなるべく詳細に記載する

図2 ライターリクルーティングの流れ

(1) ランサーズ、クラウドワークスなどで発注したいテーマに知見がありそうなライターを探し、声かけ
(2) トライアルとして1記事を発注する
(3) (2)で大きな問題がなければ、校閲・校正してフィードバックを送る
(4) 少量発注し、フィードバック内容が反映されているか確認する
(5) (4)で問題なければ継続して発注する

🔍 発注時には構成案や参考URLを伝えよう

　外注を使ったコンテンツ制作時によくあるトラブルとして、事前にイメージしていた原稿と実際に納品された原稿との間に乖離があるというものが挙げられます。これは発注時にターゲットの検索キーワードだけを指示していた場合に起きがちです。こうしたトラブルは、記事のタイトルと構成の仮案、参考にできるURLなどの資料を添えることで回避できます。テーマによっては想定読者を添えてもよいでしょう。以下に構成案の例を挙げてみます **図3** 。

図3 ライター発注時の構成案の例

ターゲットキーワード：退職 挨拶
仮タイトル：退職の挨拶は社会人としてのマナー！挨拶のポイントと例文をご紹介
想定読者：退職が決まって、職場での退職の挨拶をどうしたらよいか悩んでいる人
構成案
　・リード：気持ちよく次の職場に移るためにしっかり退職の挨拶をしたい
　・退職の挨拶のポイント
　・退職の挨拶の例文
　・前日までに挨拶の内容を考えておこう
　・おわりに

　このように記事の要点をあらかじめ示すことにより、ライターとの認識の相違を減らし、求めるコンテンツと納品物の乖離を避けることができます。

> **POINT**
> 『「Excel」はカタカナではなく半角英語で表記する』などといった表記ルールがある場合には、あらかじめライターに伝えておくと修正の手間が減らせる。

ライターへのフィードバックのポイント

　いくら経験豊富でそのジャンルへの造詣が深いライターであっても、初回から100点満点の原稿が納品されてくることはまれです。特にはじめのうちは媒体の方向性などへの理解も不十分な状態からはじまりますので、記事の修正が必要になるケースが多いでしょう。

　毎回修正が発生していては対応のコストがかさむので、修正した内容をライターにフィードバックし、同じ修正が繰り返されないようにすることが必要です。ライターにフィードバックをするときのポイントは、なるべく具体的に修正内容と意図を伝えることです。このとき、一番やってはいけないのが、「なんとなく読みづらいので直してください」といった曖昧な指示を出すことです。ライターは具体的にどこをどう直せばよいのかわからず、依頼を辞退されてしまうこともあるかもしれません。

　フィードバックするときはMicrosoft Wordなどの変更履歴とコメント機能を使うと便利です。変更履歴機能で「変更履歴を記録」をオンにすると、修正した箇所に自動で打ち消し線を入れてくれるなど、どこをどんな風に修正したのかが一目瞭然です。修正の意図が伝わりづらそうなところは、コメント機能で説明を加えてあげるとよいでしょう 図4 。

図4 ライターへのフィードバック例

Wordの「変更履歴を記録」とコメントを使用

> **まとめ**
> 社内のリソースだけでは回らない場合でも、外注を使えば解決できることも。リソースで困っていたら一度検討してみよう。

43 Webサイトの文章を執筆する手順

難易度 ★★☆☆☆

執筆：岸 智志（株式会社スタジオライティングハイ）

🔍 執筆前にやること

　文章をスラスラ書くためには、効率的な手順を踏む必要があります。まずはこれを簡単に把握することで、全体のイメージをつかみましょう。
「文章を書く」と聞くと、パソコンや原稿用紙に向かって手をガシガシ動かしている姿をイメージしますよね。しかし、実際に書く作業よりも、むしろその前の準備こそが文章のクオリティを大きく左右します。
　特に「文章の目的を決める」、「ターゲットとなる読者を決める」、「レギュレーションを決める」の3つは非常に大切な作業です。制作する文章を魅力あるものにするためにも、時間と知恵を使って取り組みましょう。

🔍 執筆中にやること

　執筆の準備が整ったらタイトルをつけます。ここではひとまず仮のタイトルでかまいません。ただし、「コンテンツ1号」「プロトタイプ」など、あまりにいい加減なものは避けてください。タイトルは"読まれるコンテンツ"をつくるための重要な要素です。読者やユーザーがGoogle検索で見つけやすいものや、SNSで拡散されたときに目を引きやすいものになるよう心がけましょう。
　あらかじめ構成を決めておくことも大切です。構成とは、文章を書くための設計図のこと。どんな順番で何を書くか決めておくからこそ、手を止めることなく文章を書き進めることができるのです。

執筆後にやること

　文章を書いたら必ず校閲を行いましょう。校閲とは、文章に不備や誤りがないかを調べ、訂正することです。仮タイトルの修正が必要な場合は、この段階で行ってください。また、事実誤認や日本語の間違い、不快な言葉の使用などはサイトの信頼性を損ねます。こうしたミスがないか、しっかり確認するようにしましょう。

　この作業といっしょに「同じことを何度も書いていないか」、「長すぎる文がないか」、「文末の形が同じで単調になっていないか」などの細かな点もチェックするといいですね。ここまでやってようやく、あなたのサイトを魅力的にする文章が完成します。

　文章執筆の全体像をなんとなくイメージできたでしょうか 図1 。次節から文章執筆の各工程について詳しく解説していきます。

図1　文章を執筆する手順

執筆前にやること	執筆中にやること	執筆後にやること
・文章の目的を決める ・ターゲットとなる読者を決める ・レギュレーションを決める 　　　　　　　　など	・最後まで読んでもらえるような構成を組む ・SEOに強いタイトルをつける ・文章のタイプに合わせて小見出しをつける 　　　　　　　　など	・事実誤認や日本語の間違い、読者が不快になる言葉がないかをチェックする ・文章全体や一文をブラッシュアップして読みやすくする 　　　　　　　　など

まとめ　文章を書くためには、効率的な手順を踏む必要がある。それぞれの段階でやることを知って全体像をイメージしよう。

文章の目的を考えれば、執筆がグッと楽になる!

執筆:岸 智志(株式会社スタジオライティングハイ)

🔍 何のための文章なのかを意識することが大切

　世の中にはさまざまな文章があります。小説、エッセー、広告、ビジネスメール、スマートフォンでのメッセージ、論説文、説明書、日記……。これだけ大量の文章に囲まれていると、自分も簡単に書けそうな気がしてきますよね。しかし、実際はパソコンの前で手が止まってしまうことが少なくありません。

　文章を書くのが難しく思える大きな原因の一つは、「文章を書く目的」を明確にしていないことにあります。小説なら「おもしろいストーリーと心の機微を描くことで読者を感動させること」、説明書なら「製品の使い方をわかりやすく伝えること」、ビジネスメールなら「用件を簡潔に伝えること」など、文章には必ず目的があるのです。書き始める前に「この文章を書く目的は何か?」と考えることで執筆が楽になります。

🔍 どうやって文章の目的を決める?

　文章の目的を決めることは、読者に取ってほしい行動を考えるということでもあります。モノやサービスを紹介する記事であれば、購入ボタンや問い合わせボタンをクリックしてもらうのが理想の流れになるでしょう。小ネタ系記事であれば、最後まで読んでもらったり「ほかの記事も読んでみよう」とサイト内を回遊してもらったりできれば成功と言えるはずです。「文章の目的を決める」と聞くと難しく思えるかもしれませんが、「文章を読んだあとの読者になにをしてほしいのか?」と考えると答えが見つかりやすくなります。

🔍 文章の目的は"羅針盤"

　目的が決まったら、その実現のために文章を書きましょう 図1 。よく枝葉の情報が多くてどこに向かっていくのかがわからない文章がありますが、これは読者を混乱させるばかりです。文章の目的を羅針盤に、必要な情報だけを落とし込んでください。例えばモノやサービスを紹介する記事なら、購入する読者にどのような利益があるのかを明確に伝えるのがポイント。小ネタ系記事であれば、読者の役に立つ情報や意外な事実を記事に盛り込むのがポイントです。このように文章の目的を意識することで、読者にとってわかりやすくおもしろい記事になります。また、執筆者本人が迷子になることなく書き上げることができるのです。

図1 文章執筆のイメージ

 まとめ 文章には目的が必要。読者に何をしてもらいたいのかを考えれば、簡単に目的を決めることができる。

45 ターゲットを決めて的確に情報を届ける

難易度

執筆：岸 智志（株式会社スタジオライティングハイ）

🔍 ターゲットに届かない情報は存在しないのと同じ

テレビの経済番組でこんなシーンを観たことがあります。家電量販店の携帯電話売り場に高齢のご婦人がやってきました 図1 。

図1 ターゲットを決めて的確に情報を届ける

① たくさん種類があって、どれがいいのかわからないのだけど……。

② こちらは海外でも使えるのが大きな特長となっておりまして、いまおすすめしている商品です。

③ ……私が知りたいのは、相手の声が聞きやすくて、大きな文字で表示されるのはどれなのかってことなんだけど……。

店員　　高齢のご婦人

あまりにもチグハグなやり取りですね。少なくとも店員が持っている情報はご婦人に届かなかったでしょうし、ご婦人は自分の求めている情報を知ることはできなかったでしょう。相手に届かない情報は、この世に存在しないのと同じです。なぜ、このような失敗が起きてしまったのでしょうか。それは、店員がターゲットについて理解していなかったからです。

🔍 ターゲットを明確にすべき2つの理由

ターゲットとは、自分の持っている情報を届ける相手のこと。家電量販店の例では、ご婦人がこれにあたります。では、なぜターゲットを明確にする必要があるのでしょうか。その理由は大きく分けて2つあります。

まずは、ターゲットによって伝えるべき情報が異なるからです。例えば、あなたが飲食店のオーナーだったとします。リーズナブルな価格で食べ飲み放題できて30人の団体予約がOKのお店を探している人に、高級ワインが売りで4人までならOKだというアピールはしませんよね。これでは予約につなげることができないからです。一方、ワイン好きの人なら、この宣伝が奏功するかもしれません。このように、ターゲットによって届けるべき情報が変わるのです。

　また、ターゲットによって使うべき言葉を変える必要がある点も見逃せません。携帯電話売り場の例で、店員がさらに「本体のデータ容量が32GBもあって、もちろんクラウドも使えます。しかも、アプリが最初から200種類も入っているんですよ」と伝えたとしたらどうでしょう。ご婦人は何も理解できずに店を出て行ってしまうのではないでしょうか。情報を伝えるときは、どのような言葉なら相手に伝わるのかをしっかり考える必要があるのです。

　これらを踏まえれば、家電量販店の会話は大きく変わるはずです 図2 。

図2　ターゲットが求める情報を届ける

　このような受け応えなら店員の持っている情報がご婦人に届き、ご婦人も自分の求める情報を知ることができたのではないでしょうか。

🔍 執筆前に具体的なターゲットをイメージしておく

　携帯電話売り場のケースでは、店員とご婦人が対面していたのでターゲット像が具体的でした。では、文章を書く場合はどうでしょうか？「自分がサイトにアップする文章をどんな人が読むのかなんてわからない」と感じてしまうかもしれません。Webにアップする文章には誰でも読めるメリットがある反面、誰が読むかわからないというデメリットもあります。

　そこで大切になるのが読者ターゲットの設定です。実際にはターゲット以外の人も読んでくれることが多いのですが、それはあくまで結果論。執筆段階では、ターゲットに定めた人に伝わるよう心がけることが大切です。多くのWebサイトは事前にペルソナ（→P68参照）を設定しているはずなので、簡単にターゲットをイメージすることができるでしょう。

　事前にペルソナを決めていなかった場合は、少なくとも記事単位でターゲットを決める必要があります。性別や年齢、職業、年収、貯金額、投資額、家族構成、趣味、欲求、人生の目的などの観点から検討し、どのような読者に届ける記事なのかを想定しておきましょう。

> **POINT**
> Webサイトの文章は誰に読まれるかわからない。だからこそ、ターゲットに決めた読者に伝わる文章をアップする必要がある。まずはしっかりとターゲットを定めよう。

 まとめ 自分の持っている情報を的確に伝えるために、ターゲットを明確にしてから文章を書くことが大切。

46 コンテンツのレギュレーションを決めよう

難易度

執筆：岸 智志（株式会社スタジオライティングハイ）

🔍 レギュレーションを決めて統一感を出そう

　運営するWebサイトが育っていくと、ある問題に直面することがあります。それは全体として統一感のないサイトになってしまうことです。その原因は事前に「レギュレーション」を決めなかったことにあります。レギュレーションとは「ルール」「規則」「決まり事」のこと。つまり、複数の運営者やライターが一定のルールに則って制作しなかったために、個性の違う記事が同じサイトにアップされることになってしまったのです。

　映画に例えるのなら「ハリーポッター」のなかに「ローマの休日」の淡い恋愛模様や「ダイハード」の爆発シーン、「シャーロック・ホームズ」の本格ミステリーなどがごちゃ混ぜになっている状態。一部にはこれをおもしろがってくれる読者もいるかもしれませんが、大半は「いったいどういうサイトなの？」と混乱しブラウザを閉じるか別のWebサイトに行ってしまうでしょう。

　こうした事態を避けるためにも、Webサイトを立ち上げる段階でしっかりとレギュレーションを決めておくことが大切です。

🔍 決めるべきルールは主に3つ

　レギュレーションを決定するときは、主に「文体」「言葉」「表記」の3つを考えるといいでしょう。

　文体には「です・ます調」「だ・である調」の2つがあります。「です・ます調」のメリットは読者に対してていねいな印象を与えられること。その一方で、記事の内容によっては稚拙な印象になることがあります。「だ・である調」のメリットは断定的な書き方によってはっきりと物事を伝えられることです。その反面、横柄で高圧的な印象を与えてしまうデメリットもあります。また、

最近は「会話調」という文体が定番化。これは「あなた」と相手に呼びかけたり、「〜ですよね」などと相手に話しかけたりするように表現する書き方です。「です・ます調」よりも親しみやすい印象になります 図1 。

図1 「です・ます調」「だ・である調」「会話調」のメリット＆デメリット

	メリット	デメリット
です・ます調	ていねいで親しみやすい印象になる	記事の内容によっては稚拙な印象になる
会話調	「です・ます調」よりもさらにていねいな印象になる	読者に対して馴れ馴れしい印象になることがある
だ・である調	断定した書き方になるため信頼感が出る	横柄で高圧的な印象を与えることがある

　サイト全体で使う言葉を決めておくことも大切です。例えば、ファッション系のサイトで「ズボン」と書くか「パンツ」と書くかによってサイトの印象は大きく異なります。もしも主な読者が高齢者であるのなら「ズボン」を使ってもいいかもしれません。しかし、20代の女性向けサイトであれば「パンツ」を採用するのが正解でしょう。このように誰がターゲットなのかによって使う言葉が異なるのですね。

　最後に、選んだ言葉をどう表記するかも決めておきましょう。例えば、「引っ越し」と「引越し」はどちらも意味は通じますが字面が異なります。このように複数の表記がある場合、どれを採用するかあらかじめ決めておくのです。表記を決定するときの指針になるのが「検索ボリューム」です。これは、ユーザーがどんな言葉でどれだけ検索しているかを表すもの。「引っ越し」と「引越し」について調べ、検索するユーザーが多い言葉を採用しましょう。調査にはGoogleキーワードプランナーなどを使うといいですね（こうしたツールについては、P136で詳しく説明しています）。

　記号や数字の表記についても決めておきましょう。アルファベットと算用数字は半角、記号を1つだけ使う場合は全角、記号を2つ続けて使う場合は半角とするのが一般的。ちなみに、「！」と「？」を続けて使うときは、「?!」ではなく「!?」と表記することに決めているサイトが多いようです。

紙媒体とWebサイトで記号の扱いに差がある

　紙媒体には昔から、記号の後にスペースを入れるルールがあります。例えば「世界中が泣いた！　感動の超大作」というように「！」のあとに1文字分の空白を入れるのです。ところがWebメディアではこのスペースを入れない決まりにしていることが多くあります。GoogleやYahoo!での検索によって記事を探すユーザーは記事タイトルを見てクリックするかどうかを決めるため、1文字分でも多くの情報を検索結果画面に表示させようと考えるのです。こうした細かい点までしっかり決めておくことで、統一感のあるサイトになります。

　また、外部からディレクターを迎える場合、紙媒体出身の人物かWebメディア出身の人物かで考え方に差があることがあります。トラブルを避け狙い通りに運営してもらうためにも、しっかり打ち合わせしておくといいでしょう。

> **POINT**
> 「！」の扱い以外にも紙媒体出身者とWebサイト出身者で考え方が異なる点は多々ある。この本のメインテーマであるSEOに対する認識は、もちろんWebサイト出身者のほうが高い傾向にある。

> **まとめ**　レギュレーションがあることで統一感のあるサイトになる。「文体」「言葉」「表記」について、しっかり決めておこう！

読者に喜ばれるサイトにするためのネタの拾い方

執筆：岸 智志（株式会社スタジオライティングハイ）

🔍 記事の方向性は主に2つ

　文章を書く目的やターゲット、レギュレーションを決めたら、いよいよ執筆に入ります。しかし、やみくもに書けばいいというものではありません。Webサイトを運営するからには、読者に選ばれる必要があります。そうでなければ売上や収益に結びつけることはできないからです。そのために大切なのは記事のネタ。あらかじめ読者に届ける情報を決めてから執筆をはじめましょう。そうだとはいえ、「これを書こう！」とすぐにひらめくものではありません。そんなことができるのは一部の天才作家だけ。文章を書く人のほとんどが、「何を書くべきか？」、「どんな情報なら読まれるか」と問い続けながら、日々原稿を完成させているのです。

　では、どうすればネタを見つけることができるのでしょうか。実は、記事の基本的な方向性は主に2つしかありません。それは「読者を喜ばせる記事」と「読者の悩みを解決する記事」です。

🔍 読者を喜ばせる記事

　読者が喜ぶのは、楽しめる記事や得する記事です。例えば、「宝くじを1億円分購入したら1億円当選するのか!?」、「1人で花火大会に出かけたらまさかの結末が！」のような企画記事は読者が楽しめる記事。「TOEICで確実に750点以上を取る10つのルール」、「コスパ重視で忘年会を楽しめる店10選」などは読者が得する記事です。いずれもニュースサイトやネタサイト、まとめサイトなどで目にしそうなタイトルだと思いませんか？　それだけ読者に受け入れられやすいものだということです。

🔍 読者の悩みを解決する記事

　読者の悩みを解決するというアプローチも記事制作の基本です。インターネットユーザーの多くは、悩みを抱えたときにGoogleやYahoo!で検索します。例えば、貯金が増えなくて困っている人は、「貯金　増えない」や「貯金　増やしたい」といったキーワードで検索するはず。ダイエットに失敗してしまう人は、「ダイエット　成功」や「ダイエット　効果的」などで検索するでしょう。こうした悩みを解決するために「貯金を増やしたい人は必見！ 1日たった5分の作業で年間30万円を貯める方法」、「ダイエットに失敗続きだった私が見つけた効果的な成功法」といった記事を書けば読んでもらえる確率が高くなります。

🔍 簡単にネタを探すために使いたいサービス

　ユーザーがどんなことに悩んでいるのかを簡単に知るためのサービスがあります。それは「Yahoo!知恵袋」や「教えて!goo」、「OKWAVE」といったQ&Aサイトです 図1 。これらには人の悩みが具体的に投稿されています。そして同じような悩みを抱えている人は世の中にたくさんいるはずです。自分が答えられそうな悩みを発見したら、Q&Aサイトで回答せず自分のWebサイトに記事としてアップしましょう。こうすることで、読者の悩みを解決する記事が自然とできあがるのです。

図1　代表的なQ&Aサイト

まとめ　読者に選ばれるサイトにするためには、「読者を楽しませる記事」や「読者の悩みを解決する記事」を意識する。

48 文章を書く前に構成を決めることの重要性

執筆：岸 智志（株式会社スタジオライティングハイ）

🔍 執筆中に手が止まってしまう理由

　文章を書くことに慣れないうちは、途中で手が止まってしまうことがあります。「あれ、この先は何を書くんだっけ？」や「どう書いたらいいんだろう？」などと考え、気がつけば30分も1時間も経っていたという経験のある人はいるはずです。それでも完成すればまだいいほうで、書きかけのまま投げ出してしまうケースも。こうした問題が起こるのは、構成を決めずに文章を書き始めてしまうからです。

🔍 構成をつくることでスムーズに執筆できる

　構成とは「何を」「どの順番で」「どれだけ」書くのかを簡潔にまとめたものです。組み立て式家具やプラモデルの設計図をイメージするとわかりやすいのではないでしょうか。「構成を決めた後に文章を書くなんて二度手間なのでは？」と思うかもしれませんが、そんなことはありません。必要な要素をあらかじめ検討することでスムーズに執筆できるので、結果的に早く完成することがほとんどです。ちなみに、映画や漫画にも「シナリオ」や「ネーム」と呼ばれる設計図があります。モノづくりのプロも、ほぼ例外なく構成と同様の作業を行っているのですね。

　文章の構成にはいくつかのコツがありますが、最も大切なことは「論理（ロジック）の流れをしっかり作ること」です。川が上流から下流へ流れるように、論理が淀みなく流れていかなければいけません。読者が途中で「話がどこに向かっていくのかわからない！」と混乱してしまわないよう、スムーズな流れをつくってください。

構成は手書きでつくるのが基本

　構成はパソコンのワープロソフトに打ち込むのではなく、手書きで作成するのが基本です。その理由は主に2つあります。

　まずは、単純に作業が簡単だからです。そもそも構成は、情報の伝え方や順番を検討するためにつくるもの。一度立てた構成に情報を追加したり、順番を入れ替えたりすることはよくあります。こうした作業はマウスとキーボードで打ち込むよりも、矢印や訂正線を自由にすばやく引ける手書きのほうが圧倒的に効率的なのですね。

　「自分はいま構成を立てているのだ」と強く意識できるのも重要なポイント。以前、あるライターさんに「執筆の前に簡単な構成案を送ってください」と依頼したことがあります。数日後に送られてきたのは"その方のなかでは"完成した原稿でした。話を聞くと「構成を立てているうちに、原稿を書いてしまったほうが早いと思ったので……」とのこと。もちろん経験を積んだライターさんであれば、構成を一切つくらずに原稿を書くことも充分可能です。しかし、経験が浅いと、中途半端な原稿ができあがってしまうことがあります。慣れないうちは手書きで構成を立ててから執筆に進むのがおすすめです。一例としてこの記事を書く前に立てた構成案を紹介します。あなたが構成をつくるときの参考になれば幸いです 図1 。

図1 この記事の構成

1. 執筆中に手が止まってしまう理由	2. 構成をつくることでスムーズに執筆できる	3. 構成は手書きでつくるのが基本
・文章を書いているうちに手が止まってしまうことがある ・その理由は構成を決めずに文章を書くから	・そもそも構成とはなにか？の説明 ・慣れないうちは二度手間に思えるが、構成をつくったほうが早く書き終わることが多い ・構成を組む上で大切なこと	・構成は手書きが基本 ・理由1 構成を組むことの意味を説明・作業が楽 ・理由2「構成を立てている」と意識しながら作業を進めるため

まとめ 構成を立てることでスムーズに原稿を執筆できる。必ず手書きで表にするのがポイント。

49 最後まで文章を読んでもらうための構成法

難易度 ★★★★☆

執筆：岸 智志（株式会社スタジオライティングハイ）

🔍 誰にも読まれない文章は存在しないのと同じ

　文章は誰かに読んでもらうために書くものです。文豪が書く小説でも生活に役立つ実用書でも、もちろんWebサイトにアップする記事でもこの本質は変わりません。逆にいえば、誰にも読んでもらえない文章はこの世に存在しないのと同じということになります。

　ビジネスとしてWebサイトを運営する場合、読者やユーザーにしっかりと文章を読んでもらえなければ利益が生まれません。運営者はこの点を強く意識する必要があります。

🔍 Webメディアの特徴を知っておく

　最後まで読んでもらう文章を書くためには、Webメディアの特徴を理解しておくことが大切です。

　そのために、まずは映画とテレビドラマの違いについて考えてみましょう 図1 。

　あなたは、映画の途中でシアターから退室したことがありますか？　おそらく滅多にないのではないでしょうか。その理由は、事前に料金を支払って鑑賞しているから。「お金を払ったのだから最後まで観なければ損」という心理が働くのです。もちろん、そのほかの理由もあると思いますが、ある程度的を射ているのではないでしょうか。

　一方、テレビの場合はいつでもチャンネルを変えることができます。テレビを観るのにもお金はかかるのですが、特定の番組に対して支払っているわけではありません。退屈なものを無理して観る必要がないのですね。

図1 映画とテレビの違い

映画	テレビ
有料	無料
最後まで観ることが多い	いつでもチャンネルを変えられる

Webサイトは映画とテレビのどちらに近い？

　Webサイトは映画とテレビのどちらに近いでしょうか。もちろんテレビですね。一部の有料サイトを除いて、Web上にある情報の多くは無料で公開されています。ブラウザを閉じたり別の記事を閲覧したりすることで簡単に読むのをやめることができるのです。このように、読者やユーザーがサイトから離れてしまうことを「離脱」といいます。

　Webサイトの記事を書くときに大切なことがわかってきました。それは読者が途中で飽きない文章を書くことです。そのために大切になるのが、文章の構成法です。

> **POINT**　「離脱」されず最後まで読まれる記事を書くには、読者を飽きさせないことが大切。そのためにWeb独特の構成法をおぼえよう！

🔍 読者が知りたいことから書く

　空き時間にスマートフォンで記事を読んでいるときや情報を探しているときのことを考えてみましょう。思わず最後まで読んでしまうのはどんな文章ですか？　おそらくはじめから終わりまで自分が興味を持っていることや意外なネタばかりが書いてある文章なのではないでしょうか。逆にいえば、頭から退屈な内容ばかり続く文章を最後まで読む人はほぼいないということになります。

　最後まで読んでもらうために重要なのは、情報の出し惜しみをしないということです **図2**。

　例えば、新しい製品を販売するための記事を書いているとしましょう。このとき、従来の製品と大差ない特徴を最初に書き、これまでの常識をくつがえすような画期的な機能の説明を最後に書いたらどうなるでしょうか。読者ははじめだけを読んで、「なんだ、今までのものとあまり変わらないな」と感じ離脱してしまうでしょう。当然、商品が売れる可能性は低くなります。新しいサービスを紹介する記事では読者が最も知りたがっている新しい機能

の紹介を前面に押し出すのが正解です。

　この考え方は、「〇〇のエピソード7つ」のような小ネタ系記事や「××の方法3つ」のようなライフハック系の記事を書く場合にも通用します。読者が一番おもしろがってくれる内容を最初に配置するのが鉄則です。

　Webサイトの文章を書くときは、「これはおもしろいネタだから最後まで取っておこう」などと考えてはいけません。読者にとって有益な情報をあらかじめピックアップしておき、その優先順に従って構成するのです。

　もちろん、文章には製品紹介やエピソード紹介以外にもさまざまなものがあります。この文章のように筋道を立てて説明を重ね、最後に結論を提示するタイプのものもその一つです。ここに書いたのはあくまでも基本的な考え方だと理解し、サイトや記事の目的に合わせアレンジしてください。

図2　読者の知りたいことから書いていく

読者の知りたい情報から書いていくと……

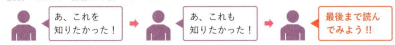

読者の知りたい情報を出し惜しみすると……

読者は答えを求めている

　文章の執筆に慣れないうちは、ここで紹介した方法を難しく感じるかもしれません。その場合は「読者が探しているのは答えである」と意識しておくといいでしょう。そして、記事の頭にはその答えを書くのです。「〇〇したときの対処法」という文章を書くのであれば、もっとも有効な対処法を最初に配置することで読者にとって有益な記事になります。ここで興味を引きつければ、その後の文章を読んでもらえる可能性が高くなるのです。

 まとめ　誰にも読まれない文章はこの世に存在しないのと同じ。離脱を防ぐために、読者が知りたいことから書くのが鉄則。

SEOに強いタイトルと小見出しのつけ方

難易度

執筆：岸 智志（株式会社スタジオライティングハイ）

🔍 検索される言葉をタイトルに使う

　私にとって今までで一番印象に残っている小説のタイトルは、2009年に第22回小説すばる新人賞を受賞した『桐島、部活やめるってよ』です。2012年には映画化され、日本のさまざまな映画賞を受賞しました。それにしても、このタイトルは本当に秀逸です。一度聞いたら忘れられないインパクトと「え、なんで？」と聞きたくなるような親しみやすさがありますよね。言葉のリズムもいいので、すーっと耳に入ってきます。はじめて聞いたときの衝撃は非常に大きなものでした。

　しかし、Webサイトの記事にこのようなタイトルをつけることはおすすめできません。なぜなら、長期的に読まれる記事にするためには、SEO対策（検索エンジン最適化）をしなければいけないからです。

　インターネットユーザーは何か調べようとしたとき「ダイエット　おすすめ」などのキーワードで検索します。「桐島、部活やめるってよ」という作品がまだ世に出る前、「桐島　部活　やめる」というキーワードで検索したユーザーはいなかったはず。そうだとすれば、Webコンテンツにこのタイトルをつけても、検索からのアクセスは見込めなかったということになります。逆にいえば、検索される言葉をタイトルに使えば、長期的に読まれる記事を制作できるということ。これがWebサイトにアップする記事の大きな特徴の一つです。

> **POINT**　SNSからアクセスを狙う場合は、SEO対策をしなくてもアクセスが伸びることがある。インパクト重視でタイトルをつけてみよう！　ただし、いわゆる"釣りタイトル"にならないよう注意。

検索される言葉の見つけ方

　GoogleやYahoo!で検索される言葉を簡単に見つけるには、キーワード取得ツールを利用するのがおすすめです。ただ、こうしたツールは種類が多く、有料のものもあります。ここでは、はじめてWebサイトを運営する人でも使いやすい無料ツールにしぼって紹介しましょう。

　単純に検索キーワードを探すだけなら、「Googleキーワードプランナー」を使うのがよいでしょう 図1 。これは無料でアカウントを取得すれば誰でも利用可能のツール。データの信頼性が高いことから、企業のWebサイト担当者から個人の運営者までさまざまな人に使われています。ただし、本来はGoogleに広告を出稿する人向けのサービスです。必要があれば、有料で利用することも検討しましょう。

　使い方は非常にシンプルです。例えば、検索窓に「赤ちゃん」と入力して「開始」をクリックすると、「ベビー服」、「離乳食」、「通販」、「温泉」、「宿泊」などの関連ワードが出てきます。こうしたワードを上手に入れながらタイトルをつければ、検索されやすい記事になるのです。

　これだけでもアクセスを集める効果が期待できます。しかし、キーワード取得ツールでピックアップした言葉があまり検索されていないものだったとしたら、高い効果は見込めません。逆に、頻繁に検索される言葉をタイトルに使えば、効率よくアクセスを集められるはずです。そこで大切なのがユーザーによる検索頻度を表す「月間検索ボリューム」です。「aramakijake.jp」はこれを知るのに便利なサイト。例えば「赤ちゃん　寝ない」と入力するとGoogleだと推定7,261回、Yahoo!JAPANだと推定7,920回の検索があったとするデータが出てきます（2018年10月15日現在）。あくまで推定値ですが、こうした調査を繰り返せば頻繁に検索されているキーワードをあぶりだせるはず。その言葉を使うことで、SEOに強いタイトルをつけることができるというわけです。

図1 Googleキーワードプランナー

検索画面に調べたいキーワードを入力して使用する

🔍 小見出しにもキーワードを散りばめる

　SEO対策は小見出しにも有効です。方法はタイトルをつけるときとほぼ同じ。例えば、Googleキーワードプランナーで「赤ちゃん」と入力したら「旅館」、「温泉」、「ホテル」、「旅館」、「歓迎」、「おすすめの宿」、「関東」、「関西」といったキーワードが見つかったとします。これらのキーワードを使って記事を制作することを決めたら、以下のような小見出しで構成してみてはいかがでしょうか 図2 。

図2　キーワードを使った小見出しの例

小見出し1	赤ちゃんがいても旅行したい！
小見出し2	赤ちゃんは温泉に入れるの？
小見出し3	赤ちゃんを歓迎してくれるホテル＆旅館の特徴
小見出し4	赤ちゃん連れのママさんにおすすめの宿ランキング（関東編）
小見出し5	赤ちゃん連れのママさんにおすすめの宿ランキング（関西編）

　これが完璧というわけではありませんが、キーワードをできるだけ使って小見出しをつくってみました。このように意識することで、検索結果画面に表示される可能性を高めるだけでなく、読者のニーズに応えることにもつながるのです。

まとめ　Webサイトで長期的にアクセスを集めるのならSEO対策は必須。ユーザーが検索する言葉を見つけて、タイトルと小見出しに使おう！

51 商品やサービスの購入につながる文章の最低条件

難易度 ★★★★★

執筆：岸 智志（株式会社スタジオライティングハイ）

Q スペックを並べても購入にはつながらない

　Webサイトの運営を担当すると、自社商品やサービスの販売を任されることがあります。しかし、ECサイト（通販サイト）などの運営経験がないと、購入につながる文章の書き方がわからないものです。その結果、以下のような文章ができあがってしまうことがあります。架空のスマートフォンの紹介文として読んでみてください 図1 。

図1 購入につながらない文章例

> 「0-Phone」は ZERO 社がこだわり抜いた次世代のスマートフォンです。最新のAndroidを搭載し、重さはわずか100グラム。バッテリーのフル充電時間は約60分で、約4日間は充電不要です。もちろんカメラも高性能。背面は約1,500万画素、前面は約600万画素の高画質。ディスプレイには最新技術を駆使した、約5.5インチの液晶を採用しました。デザインはあの浅谷直子氏（架空の人物）。完全防水仕様です。

　実際にはこの文章だけがサイトに載ることはなく、きれいに撮影された本体画像がいっしょに使われるでしょう。その分だけ訴求力は上がるはずですが、それでもこの文章から商品が売れる可能性は低いと思われます。それは、この文章が単なるスペックの羅列でしかないからです。実はユーザーの多くはスペックにさほど興味がありません。では、何を知りたいと思っているのでしょうか。

138

商品やサービスを売る文章を書く3つのステップ

商品やサービスを販売するサイトの場合、実際にそれらが売れることを「コンバージョン」といいます（→P2「はじめに」参照）。コンバージョンを達成する文章の書き方には無数の方法論があり、ここですべてを説明することはできません。ただ、基本的な3つの手順を守ることで、その最低条件をクリアすることができます 図2 。

図2 コンバージョンを達成する文章の基本ステップ

1. 商品やサービスのスペックを洗い出す
2. 他社製品にはない優位性をピックアップする
3. 優位性が消費者やユーザーにとってどのような利益（ベネフィット）をもたらすのかを考える

先ほどのスマートフォンの紹介文を例に説明していきます。

1番目のステップはスペックをはじめとする事実をしっかり洗い出すことです。箇条書きにするとわかりやすいでしょう 図3 。

図3 スペックの洗い出し

- 最新の Android を搭載
- 重さはわずか 100 グラム
- フル充電時間は約 60 分
- 約 4 日間充電不要
- 背面カメラは約 1,500 万画素
- 前面カメラは約 500 万画素
- 最新技術を駆使した約 5.5 インチのディスプレイ
- 外観は浅谷直子氏（架空の人物）のデザイン
- 完全防水仕様

事実を確認したら、2番目のステップに進みます。このなかから他社の製品にはないこのスマートフォンの優位性を探すのです。ターゲット層にもよりますが、仮に30〜40代のビジネスパーソンだったとしましょう。すると、主に以下の4つが見えてきます 図4 。

図4　ZERO社スマートフォンの優位性

　・フル充電時間は約60分
　・約4日間充電不要
　・浅谷直子氏のデザイン
　・完全防水仕様

　ターゲットが忙しいビジネスパーソンであることを考えると、短時間でフル充電できることや約4日間充電不要であることは大きなアピールポイントになりそうです。また、ビジネスの現場で使うツールであるからには、デザイン性や機能性も大切な要素になるでしょう。

　しかしこれをそのまま書いたのでは 図1 と大差ない文章ができあがってしまいます。3番目のステップに進みましょう。優位性をリストアップしたら、それらがユーザーにとってどのようなベネフィットをもたらすのかを考えます。ベネフィットとは「利益」のこと。実はユーザーは、商品を購入することで自分にとってどんな利益があるのかということを知りたがっています。そうであれば、販売する側の人はこのスマートフォンがユーザーの生活をどのように変える可能性があるのかを伝えなければならないのです 図5 。

図5　ユーザーはどんな生活を実現できる?

事実・優位性	ベネフィット
フル充電時間は約60分	・外出続きの日もカフェやオフィスで手早く充電できる
約4日間は充電不要	・毎日の疲れで充電し忘れても電池切れで困ることが減る ・電池を消耗するアプリを躊躇なく使える
浅谷直子氏の デザイン	・洗練されたデザインだから、取引先や同僚といっしょのときに出しても恥ずかしくない ・洗練された自分までアピールできる
完全防水仕様	・いつも清潔に保てる ・汗をかきがちな夏の使用にもいい ・万一コーヒーをこぼしてしまっても安心

もちろん、ここに挙げたベネフィットがすべてではありませんし、完璧というわけでもありません。もっと魅力的なベネフィットを見つけ出す人もいるでしょう。ここではあくまでサンプルとして文章を書いてみます 図6 。

図6 ベネフィットを意識した文章例

> 「0-Phone」はZERO社がビジネスパーソンの毎日を徹底調査して開発したスマートフォンです。フル充電完了までの時間は約60分と、数あるスマートフォンのなかでもトップレベルの短時間。外出が続きバッテリーに不安がある日もカフェやオフィスのすき間時間にサッと充電できますね。1度充電すると4日間は充電不要。うっかり充電を忘れがちがちな忙しい日々にも安心です。デザインはプロダクツデザイナーの浅谷直子氏。洗練されたツールは、その持ち主まで魅力的に見せるもの。あなたの信頼度をさりげなくアップできる1台を目指しました。完全防水仕様なので、コーヒーをこぼしてしまっても大丈夫。軽く水洗いして、すぐにビジネスの現場に戻ることができます。

これでこのスマートフォンが飛ぶように売れる……とはいかないかもしれません。しかし、スペックだけを羅列した最初の文章よりも、この製品を購入したあとのユーザーの生活をイメージできるものになりました、これがコンバージョンを達成する文章の最低条件なのです。

まとめ コンバージョンを達成するために、ユーザーのベネフィットを提案する。自社の商品が人々の生活をどのように変えるかをイメージしよう。

52 Webサイトにマンガを載せるメリット&デメリット

難易度 ★★★★★

執筆：岸 智志（株式会社スタジオライティングハイ）

🔍 マンガが持つ大きな力

　Web上のサイトには、記事の頭や途中にマンガが使われているページがあります。文章だけでも情報を伝えることはできるのにもかかわらず、あえてマンガを使うのはなぜでしょうか。それはマンガには文章にはない大きな力があるからです 図1 。

　まず挙げられるのは、文字ばかりの記事を敬遠する層にも受け入れられやすいということです。「活字離れ」という言葉をはじめて聞いてから、ずいぶん時間が経ちました。その真偽はわかりませんが、こうした言葉が生まれるのは長い文章を読むのが苦手な層が一定数いるからだと考えられます。マンガなら、この層にも受け入れてもらえる可能性があるのです。

　伝えたい情報をストーリーで描けるのもマンガの強み。例えば、小学生が物語的文章と説明的文章を読むと、そのほとんどが前者をおもしろかったと答えます。ここからわかるのは、読者には説明ばかり並ぶ文章よりも物語のほうが受け入れられやすいということです。マンガなら絵によって伝えたいことをデフォルメして表現できるので、その効果はさらに高まります。

図1　マンガを使うことのメリット

・活字を敬遠する層にも受け入れられやすい
・伝えたい情報をストーリーにして伝えられる
・絵があるので伝えたいことをデフォルメして表現できる

🔍 マンガには弱点もある

　マンガにはデメリットもあります 図2 。実は文章とマンガでは、同じスペースで伝えられる情報量に大きな差があるのです。例えば、スマートフォンの画面1枚に400字分の情報を表示できるとしましょう。しかし、マンガには絵があるため、その数分の一程度しか表示できません。当然、伝えたいことをすべてマンガにしようとすると、非常に大きなスペースが必要になります。その分だけコストがかかりますから、予算によってはマンガを入れたくても実現できないことがあるのです。

> **POINT**　商品情報などを効率よくマンガに落とし込むのは難しい作業。シナリオライターといっしょにストーリーをつくり上げてからマンガ家に依頼すると、制作がスムーズに進む。

　マンガを敬遠する層が一定数存在する点も見逃せません。こうした読者は、サイトにマンガが出てきた瞬間にブラウザを閉じたり、スクロールして読み飛ばしてしまったりすることがあります。伝えたい情報が届かない可能性が高くなるので注意が必要です。

図2　マンガを使うことのデメリット

- 伝えられる情報量が少ない
- コストがかかる
（マンガ家だけでなくシナリオライターが必要になるケースも）
- 完成までに時間がかかる
- 絵には好き嫌いがあるため読者に受け入れられない可能性がある

> **まとめ**　Webサイトにマンガを使うときは、メリットとデメリットをよく吟味する。ターゲットに受け入れられるかどうかが大きなポイント。

53 文章のタイプによって小見出しのつくり方は違う

執筆：岸 智志（株式会社スタジオライティングハイ）

🔍 文章には"動力"が必要

　ここまで一貫して、「誰にも読まれない文章はこの世に存在しないのと同じ」だと述べてきました。目的やターゲット、レギュレーションを決め、構成を組んでから文章を書くのは、読んでほしい相手に確実に情報を届けるためです。ただ、これは文章を読んでもらうための前提となる作業。実際に書きはじめたら、もう少し細かな部分にまで気を配らなければなりません。

　このときに持っておきたいのが、「文章には"動力"が必要」という考え方です。少しわかりづらいと思うので詳しく説明します。

　例えば、タイトルに引かれて記事を読みはじめた人が数行だけ読んで離脱してしまうということはよくあります。これでは文章を最後まで読んでもらうことはできません。そこで読者を離脱させないような仕掛けが必要になります。これが読者を文章の先へ先へと運ぶ"動力"になるのです。

　読者を文章末まで誘導する手法は無数にあります。P132で説明した、読者の知りたい情報から書いていく構成法もその一つですが、ここでは小見出しによって読者を運んでいく方法を紹介します 図1 。やや難易度が高いのですが、テクニックの一つとして身につけておくといいですね。

図1 読者を先へと運ぶ"動力"

小ネタ系記事の小見出しのつくり方

　通勤やランチの時間などにサラリと読める小ネタ系記事。そのサイト運営者がもっとも避けたいのは、読者に小見出しだけをざっと眺められて離脱されてしまうことです。こういったメディアの多くは記事を読んでもらうことでファンになってもらい、その人たちが目にする広告を掲載することで収益を得ています。ほんの数秒だけ流し読みされるだけでは広告が読者の目に触れる時間が少なく、運営が立ち行かなくなる危険性が出てくるのです。逆に、読者の役に立つ記事を書き続ければ、その分だけPVの増加につながります。必然的に広告収入の増加につながるため、サイトが大きく成長していく可能性が高くなります。

　そこで重要になるのが、「小見出しに答えを書かない」というテクニックです。例えば、あなたが運営する恋愛系小ネタサイトに、「彼氏がみんなの前だと冷たい」という悩みが投稿されたとします。あなたはその原因を「男性は2人でいる時間とみんなでいる時間を区別したがる傾向がある」と分析したとしましょう。この場合、どんな小見出しをつけますか？

　サイト運営に慣れていない人や初心者のライターさんが書きがちなのは、「男性は2人でいる時間とみんなでいる時間を分けたがる」というそのままの小見出し。これでは読者が小見出しだけ読んで文章を読み流してしまう危険性があります。例えば、「男性特有の心理が働いている」ではどうでしょうか。これならターゲットである恋に悩む女性が「え、男性特有の心理って何？」と興味を持ってくれるかもしれません。必然的に小見出しのあとに続く文章を読んでもらいやすくなるのです。

　このように、小見出しに答えを書くのをやめることで、読者に文章を読んでもらいやすくなります。その分だけサイトやページにとどまってもらう時間を増やすことができるのです。

POINT　答えを書かない小見出しをつくるときは、読者の興味を引くのがポイント。「〜とは？」、「〜の理由」などのように謎を提示するのも方法の一つ。謎を提示されると、その答えを知りたくなる人は多い。

🔍 専門的な記事の小見出しのつくり方

　特定の分野に精通した特化型サイトの記事では、小見出しの作り方が異なります。そもそも特化型サイトにやってくるのは、自分の悩みを解決するための情報を求めているユーザーです。小ネタ系記事の読者よりも「情報を得よう」というモチベーションが高く、タイトルと小見出しを見て自分の求める答えが書いてあるかどうかを判断します。そうであれば、「ここにあなたに役立つ内容が書いてありますよ」とはっきり伝わる小見出しをつくらなければなりません 図2 。

　例えば、あなたが運営する注文住宅関連サイトの記事に、「家を建てるならあの場所に！」という小見出しを使ったとします。家の建築場所を検討している人は自分の疑問に対する答えが書かれているのだと思って、この先を読み進めるはずです。では、もしこのユーザーの期待に沿うような答えが書かれていなかったらどうなるでしょうか。期待した分だけ裏切られたという気持ちが強くなり、2度と閲覧してもらえなくなる危険があります。

　ですから、専門的な記事の場合は「家を建てるなら第一種低層住居専用地域に」など、答えがはっきりとわかる小見出しをつけるといいでしょう。こうすることでサイトの信頼性が上がります。自社サービスや商品を用意している場合は、それについても信頼してもらえる可能性が高まるのです。

図2　小見出しによる効果の違い

答えを隠した小見出し	答えを書いた小見出し
答えが気になって先を読みたくなる	その先に何が書かれているかわかるため、読者を裏切らない
↓	↓
小ネタ系記事に向いている	専門的な記事に向いている

まとめ　文章には、読者を先へ進める"動力"が必要。小見出しを上手に使って、最後まで読んでもらえる記事をつくろう。

54 リズムや変化のある文章が読者を引き込む

難易度 ★★★★☆

執筆：岸 智志（株式会社スタジオライティングハイ）

🔍 記事をブラッシュアップすることの重要性

　記事を書き上げると、すぐにでもサイトにアップしたくなるものですよね。私もかつては、自分の発信する情報を一刻も早く読んでほしいと気が急くことがありました。これは執筆した人の心理として当然のこと。何もおかしいことはありません。でも、少しだけ待ってください。本当にその文章のままで大丈夫ですか。目的やターゲット、構成といった文章の大枠をこの段階で変えることは難しいですが、細かな点を改善することで読者に届きやすい文章にすることができるはずです。

🔍 メリハリのない文章が離脱を招く

　文章をブラッシュアップする目的の一つは、読者が離脱する危険性をわずかでも減らすことです。図1 の文章を読んでみてください。

図1 文末がすべて同じ形の文章

> 　4月1日、株式会社フェイク（架空）は、渋谷の道玄坂に新しいカフェをオープンします。ブラジル、インドネシア、エチオピア、グァテマラ、ケニアといった産地から豆を直輸入します。店内はネルドリップでていねいに淹れたコーヒーの香りがします。

この文章を読んで、「とても読みやすい！」と思う人はいないのではないでしょうか。逆に「なんだか幼いな……」という印象を抱いた人はいるはずです。原因は文末をすべて「〜ます」でそろえてしまったこと。そのためメリハリがなく、子どもが箇条書きした文を学級会で発表したような文章になってしまったのです。これでは読者が離脱する危険性が高くなります。では、 図2 のような文章ならどうでしょうか。

図2　文末を異なる形にした文章

> 　4月1日、株式会社フェイク（架空）は、渋谷の道玄坂に新しいカフェをオープンします。ブラジルやインドネシア、エチオピア、グァテマラ、ケニアといった産地からコーヒー豆を直輸入。ネルドリップでていねいに淹れたコーヒーがふわっと香る空間です。

　元の文章と比べるとだいぶ読みやすくなりました。この文章は3つの文で構成されています。それぞれの文末を「〜ます」、「〜。（体言止め）」、「〜です」と変化させたことで、リズムのある文章になったのです。

🔍 接続詞の多い文章は冗長な印象になる

　接続詞をできるだけ減らすことで、メリハリある文章に変えることもできます。 図3 の文章にどのような印象を持つでしょうか？

図3　接続詞の多い文章

> 　XYZ薬用ローション（架空）は、100％植物エキスを使った化粧水です。だから、肌に負担をかけずにしっとり＆さらさらの使い心地。また、角質の奥深くに浸透し、キメ細やかに整えます。

　この文章では、3つの文をつなぐのに「だから」と「また」という2つの接続詞を使っています。冗長で煩わしい印象を抱いたのではないでしょうか。この問題は接続詞を削除するだけで解決できます 図4 。

図4 接続詞を減らした文章

> XYZ薬用ローション（架空）は、100％植物エキスを使った化粧水です。肌に負担をかけずにしっとり＆さらさらの使い心地。角質の奥深くに浸透し、キメ細やかに整えます。

「だから」と「また」という接続詞を削除しただけでリズムが生まれました。読者もスムーズに文章を読めるはず。離脱を防ぐのに一定の効果が期待できます。接続詞のない文章を書くのが難しい場合は、一度執筆してから削除できる接続詞がないか検討するのも方法の一つです。

ただし、絶対に接続詞を使ってはいけないという決まりはありません。あくまでケース・バイ・ケースで考えましょう。

> **POINT** 論理のはっきりしたレポート風の記事は、あえて接続詞を使うほうがわかりやすい文章になることが多い。

まとめ ブラッシュアップの基本は「読みやすい文章」にすること。文末と接続詞に気をつけることでスムーズな文章になる。

55 同じことを何度も書くと読者が飽きる

難易度 ★★★★☆

執筆：岸 智志（株式会社スタジオライティングハイ）

🔍 同じことを何度も書くのはNG

　私が以前住んでいた家の近所に、同じことを何度も話すご婦人がいました。「あなた、あのころはこうでああでこうだったのよ。それがまあ、こんなに大きくなって……」と会うたびにお決まりの話。この本を読んでくださっているみなさんのなかにも、同じような経験のある方はいらっしゃるのではないでしょうか。

　文章を書く人は、このご婦人のような人から学ぶべきことがあります。それは、同じことを何度も書くと読者は飽きてしまうということです。

🔍 構成を立てることで書くべきことをはっきりさせる

　同じことを何度も書くことを避けるには、しっかり構成を立てることが大切です。言い換えれば、どこになにを書くのかをあらかじめ決めておくということです。このときに重要なのは、「同じ話は一度しか書かない」と強く意識することです。これだけで同じ話を繰り返すご婦人のような記事になるのを防ぐことができます。構成の立て方については、Chapter3-49（→P132～134）で詳しく説明しているので参考にしてください。

　また、意外と多いのは一文のなかに同じ言葉が複数回出てくるケースです 図1 。

図1　同じ言葉が複数回出てくる文の例

> 1. 同じことを何度も書いてしまった原因は、構成をしっかり立てずに書いてしまったことです。
> 2. このカバンは、最高級オーストリッチを100%使ったカバンです。

いずれの文も意味はわかります。しかし、「書く」や「カバン」という言葉が重複しているために、すっきりしない文になっているのです。2つの文をそれぞれ修正するとこのようになります 図2 。

図2 重複する言葉をカットした文の例

> 1. 同じことを何度も書いてしまった原因は、構成をしっかり立てなかったことです。
> 2. これは、最高級オーストリッチを100％使ったカバンです。

ほんの少し修正するだけですっきりした印象になりましたね。これと似ていますが、同じ内容が複数回出てくる文にも注意が必要です。塾の特長を説明するものだと想定して、以下の文章を読んでみてください 図3 。

図3 重複する内容の文の例

> 講師1人に対して生徒3人の、1対3のシステムによりリーズナブルな授業料を実現。

この文では「講師1人に対して生徒3人」という部分と「1対3のシステム」という部分が重複しています。以下のように修正してみましょう 図4 。

図4 重複する内容をカットした文の例

> 1人の講師が3人の生徒を担当することで、リーズナブルな授業料を実現。

重複する内容をカットしたことで、読みやすくなりましたね。こうした細かい工夫が、読者の離脱を防ぐ小さなポイントになるのです。

まとめ 同じことを何度も書くと読者が飽きる。構成をしっかり立て、同じ言葉や内容をカットすることですっきりした文章になる。

一文が長い場合の対処法

難易度 ★★★☆☆

執筆：岸 智志（株式会社スタジオライティングハイ）

🔍 長い文は読みづらい

　一文を短くすることは、簡単に文章をブラッシュアップする方法の一つです。執筆に慣れないうちは、数行にまたがる文を書いてしまうことがあります。しかし、以下のような文を読んだとき、スッキリ頭に入ってくるでしょうか。剣型のキーホルダーの紹介文を想定して読んでみてください 図1 。

図1　長くわかりづらい文の例

> こちらのキーホルダーは、大ヒットRPG「ドラゴンブレイバー」（架空）をモチーフとしてデザインされたモデルで、実際の戦闘で使われているような本格的な雰囲気を醸しだしています。

　読点（「、」）までが長く、ダラダラした印象です。こうした文は読みづらいうえに意味が伝わりづらく、読者が文章に入り込めません。その分だけ離脱の可能性が高くなってしまいます。

🔍 一文が長い場合の対処法

　一文が長くなってしまうのは、たくさんの情報を一度に詰め込みすぎてしまうからです。先ほどの文を分解してみましょう 図2 。

図2　文を情報で分解

- このキーホルダーは人気RPG「ドラゴンブレイバー」をモチーフにしている。
- 実際の戦闘で使われているような本格的な雰囲気。

　問題は、この2つの要素を一文に入れてしまったことにあります。情報をたくさん入れた分だけ文が長くなってしまったのです。2つの要素を別の文にわけて書いてみましょう 図3 。

図3　情報を整理して二文に分けた例

こちらは、大ヒットRPG「ドラゴンブレイバー」をモチーフにしたキーホルダー。実際の戦闘をイメージさせる臨場感あふれるデザインですね。

　文の意味が大きく変わらないように注意しながら、二文に分けてみました。これだけで、だいぶ読みやすくなったのではないでしょうか。読点の数も減ったので、スッキリした印象になりましたね。

　文が長くなったら、情報を整理して二文に分けること。これが読みやすく離脱を防ぐ文章の作成につながるのです。

まとめ：一文が長いとダラダラした印象になり、離脱につながる。情報を整理して二文に分けるだけでスッキリした印象になる。

57 日本語の間違いは致命的

執筆：岸 智志（株式会社スタジオライティングハイ）

🔍 校閲の重要性

　校閲とは、文章に誤りや不備がないかをチェックして修正することです。一度書いたものを確認するのは二度手間のように思えます。しかし、校閲していない文章をWebサイトにアップしてはいけません。なぜこのような面倒な作業をしなければいけないのでしょうか。その理由を考えるために、図1の記事を読んでみてください。架空の新聞に掲載する前の文章です。

図1　架空の新聞記事

> 　1900年創業の老舗和菓子店「下弦の月（架空）」を運営する株式会社下弦の月（架空）が1日、東京地裁に自己破産を申請。同日、破産開始決定を受けた。負債総額は20億5122万円。株主からは、事業計画を見直す機会は何度もあったはずだとして、経営陣の責任を追求する声が挙がっている。

　この記事のなかには日本語としてあきらかな間違いがあります。どれかわかりますか？　お気づきのように、4行目の「追求」です。これは、本来「追及」と表記しなければなりません。「追求」と「追及」の区別は、実は小学6年生までに身につける内容です。この記事をそのまま掲載したら、「小学生以下の新聞」として信頼を損なってしまうかもしれません。こうした致命的なミスを事前に防ぐために校閲という作業を行うのです。

　ただ、新聞社や出版社でない一般的な企業が運営するWebサイトでは、校閲に人員を割くのは難しいものです。その場合、Web担当者やライターがチェックしなければなりません。

🔍 同音異義語と同訓異字には注意

　同音異義語は「発音が同じで意味が異なる言葉」、同訓異字は「読み方（訓読み）が同じで意味も似ているが、漢字が異なる言葉」のこと。先ほどの「追求」と「追及」は同音異義語です。こうした細かな点に気を配れるかどうかは、サイトの品質を判断するポイントの一つになります。代表的なものを覚えておけば比較的簡単にチェックできるでしょう 図2 図3 。

図2 間違いやすい同音異義語

- 追求、追及、追究
- 意志、意思、遺志
- 特徴、特長
- 回復、快復
- 収集、収拾
- 意義、異議、異義
- 小数、少数
- 対象、対照、対称

- 体制、態勢、体勢、大勢
- 鑑賞、観賞
- 機械、器械、機会
- 異常、異状
- 検討、見当
- 構成、校正
- 真摯、紳士
- 週刊、週間

など

図3 間違いやすい同訓異字

- 納める、治める、修める、収める
- 初めて、始めて
- 写す、映す
- 勤める、務める
- 暖かい、温かい
- 熱い、暑い
- 表れる、現れる
- 変わる、代わる、替わる
- 測る、計る、量る
- 敗れる、破れる

など

🔍 主語と述語を対応させる

主語と述語が対応していることは、情報を正しく伝えるために大切なことです。例えば、**図4** の文は主語と述語がうまく対応していません。

図4 主語と述語が対応していない文

> このクレンジングオイルの特長は、ハードなメイクをすっきり落とします。

文の意味はわかりますが、どこか気持ち悪いですね。その原因は「特長は」という主語を「(メイクをすっきり)落とします」という述語が受けていること。「特長」という人あるいは物が「(すっきり)落とす」ことになるため、文が成立していないのです。**図5** のように修正してみたらどうでしょうか。

図5 主語と述語が対応している文

> このクレンジングオイルの特長は、ハードなメイクをすっきり落とすことです。

「特長は」という主語を「(メイクをすっきり)落とすこと」という述語が受ける文になりました。実際の広告でこんなに硬い書き方をすることはないと思いますが、これで文としては成立していますね。

🔍 修飾語と被修飾語を対応させる

修飾語と被修飾語が対応していないと、文に2つの意味が生まれてしまうことがあります **図6** 。

図6 修飾語と被修飾語が対応していない文

> いつのまにかカサカサになった肌が水分で満たされていた。

　何の問題もなく思えますが、実は「いつのまにかカサカサになった」のか「いつのまにか（水分で）満たされていた」のかがわかりづらい文になっています。普通に考えれば後者でしょうから、この意味になるように書きかえてみます 図7 。

図7 修飾語と被修飾語が対応している文

> カサカサになった肌が、いつのまにか水分で満たされていた。

　ポイントは、修飾語と被修飾語をできるだけ近づけること。こうすることで文の意味を限定し、伝えたいことをはっきり表現できるようになります。

　Web担当者が自分で校閲するのは難しいものです。まずは、ここで説明したポイントを押さえて文章をチェックしてみてください。慣れてくると「本当にこの漢字で正しいのだろうか？」、「この表現で文の意味が正しく意味が伝わるだろうか？」などと、自然に思うようになってきます。それにともなってスキルが上がってくるので、効率的に作業を進められるようになるはずです 図8 。次ページから、さらに2つのチェックポイントを紹介します。

図8 校閲の基本的なチェックポイント

- 主語と述語を対応させる
- 修飾語と被修飾語を対応させる
- 同音異義語と同訓異字を使い分ける

まとめ　日本語を間違えると読者に意味が伝わらないばかりか、サイトの信頼性を落とすことにもつながる。

読者が不快になる言葉が入っていないか確認しよう

執筆：岸 智志（株式会社スタジオライティングハイ）

🔍 不快な言葉を使うサイトは信頼されない

　匿名で利用できる掲示板やブログなどを読んでいると、他人を中傷する言葉が使われていることがあります。こうした投稿を読んだとき、あなたはどう思いますか？　少なくともいい気持ちはしないのではないでしょうか。

　企業の担当者としてWebサイトを運営するのであれば、こうした言葉には細心の注意を払わなければいけません。

　私の失敗について懺悔の意味も込めてお伝えします。体臭測定サービスを提供する企業のオウンドメディア制作をお手伝いしたときのこと。体臭に悩む方の気持ちを楽にすることが目的の記事のなかに、「ニオイがキツイ」という表現を使ってしまったのです。このときはメディア担当者からの指摘が入ったことで修正できました。しかし、もしもこの記事がそのまま掲載されてしまっていたら読者を傷つけてしまい、この企業は大きく信頼を損ねてしまったかもしれません。こうした言葉を使わないよう気をつけていたつもりですが、あきらかに不注意だったと反省しています。

🔍 人を不快にするのはどんな言葉？

　人を不快にする言葉とは、人を傷つける言葉のこと 図1 。企業が運営するWebサイトではあり得ないと思いますが、「バカ」、「カス」、「アホ」などの直接的な言葉はもちろんのこと、いわゆる「差別用語」などにも注意しましょう。

　ある人にとっては問題なくても、別の人にとっては不快な言葉というのも存在します。先ほどの失敗例で挙げた「ニオイがキツイ」などがこれです。「ニオイがキツイ」という言葉は、一般的にはごくありふれた表現かもしれません。しかし、自分のニオイに悩んでいる人にとっては非常に傷つく言葉なのです。

図1 読者を不快にする言葉

直接的に読者を傷つける言葉
バカ、カス、アホ、臭い、頭が悪いなど、人として言ってはいけない言葉
※差別用語などにも注意

特定の人にとっては不快な言葉
ニオイがキツイ、毛深い、頭が薄いなど
※Webサイトのスタンスによっても異なる

　ストレートすぎる言葉にも気をつけましょう。例えば「うまい、やすい、はやい」は、老舗牛丼チェーン吉野家のコンセプト。お金をかけずにすばやくおいしい食事をとりたい人に刺さる見事なキャッチフレーズですよね。
　では、住宅メーカーが同じフレーズを掲げたらどうなるでしょうか。粗悪な住宅を掴まれそうで、不快な気分になる読者がいるかもしれません。それを避けるため各メーカーは「安い」という言葉ではなく、「好価格」や「グッドプライス」などの言葉を使っているのです。
　Webサイトで使うべき言葉は記事単位でチェックするとあとで齟齬が生じることがあります。サイトのレギュレーションをつくるとき、記事の体裁や文体などといっしょに決めておくとよいでしょう。詳しくはP126を確認してください。

まとめ 人を傷つけるサイトは信頼されなくなる。企業イメージを損なうので、記事をアップする前に最終チェックしよう。

59 事実の間違いは サイトの信頼性を損なう

難易度 ★★★☆☆

執筆：岸 智志（株式会社スタジオライティングハイ）

Q 正確な事実を書かなかったために起きたこと

　再び、私の失敗をお伝えします。ある書籍を書いたときのことです。これはデータが重要な意味を持つ企画だったため、参考文献を徹底的に調査。タイトなスケジュールではありましたが、なんとか100ページの原稿を書き上げました。

　ところがその1か月後、制作を担当した編集プロダクションから思わぬ連絡が入りました。私の書いた原稿のデータに誤りが見つかったというのです。さらに、これが発覚したのが製本後だったため、すべて再印刷する事態に……。当然、莫大なコストがかかってしまいました。これは、著者である私を含めた制作陣の原稿チェックが甘かったために起きてしまった"事故"です。校閲は地味な作業のように思えます。しかし、その不備が大きな損害につながってしまったのです。

　いま挙げたのは書籍の事例ですが、Webサイトではさらに大きな問題に発展する危険があります。なぜなら「公開」あるいは「更新」というボタン一つで文章をアップすることができるからです。その瞬間に世界中のユーザーがアクセスできる状態になります。万一間違いがあったら、それまで築いてきた信用を一瞬のうちに失ってしまうでしょう。だからこそWebサイトには正確な事実を掲載しなければならないのです。

Q 地名や人名、数字は間違いやすい

　情報のなかで、簡単にチェックできるのに意外と間違いやすいものがあります。それが地名や人名、数字のデータです 図1 。例えば「自由が丘駅」と「自由ヶ丘駅」の表記ミスは大きな問題になります。「自由が丘駅」は東京都を走る東横線や大井町線にある駅。「自由ヶ丘駅」は愛知県を走る名城線にある

駅のことです。自由が丘駅前で開催されるイベント告知に「自由ヶ丘駅前で開催！」と書いたら集客に影響が出かねません。また、「東京都の自由ヶ丘駅前で開催！」と書いたら、サイトの信頼性を損ないます。

単純な表記ミスだけでなく、事実と異なる地名が書かれていないかのチェックも必要です。例えば、東京ディズニーランドがあるのは「千葉県浦安市」ですが、地名と駅の名前を混同して「千葉県舞浜市」と書いたら笑われてしまうでしょう。

図1 間違いの多い地名の例

- 自由が丘駅（東京都）と自由ヶ丘駅（愛知県）
- 玉川（世田谷区）と多摩川（大田区）
- 仙川駅（京王線の駅）と千川駅（東京メトロの駅）
- 墨田区（区の名前）と隅田川（川の名前）
- 綾瀬（東京都足立区）と綾瀬市（神奈川県）
- 大阪（現在の表記）と大坂（以前の表記）
- 茨城県と茨木市（大阪府）

など

地名のほかにも、人名なら「斉藤」と「齊藤」、「齋藤」や「伊藤」と「伊東」など、気をつけなければいけないものが多くあります**図2**。万が一インタビューや取材に協力してくれた人の名前を間違えたら、サイトだけでなく運営する会社全体の信頼まで失いかねません。こうしたミスが起きないよう気をつけましょう。

数字については、「震度5強」と「震度5弱」のように似た数字には特に注意が必要です。また、事件や事故、イベントの年はしっかりと確認しましょう。例えば、ロシアでサッカーのW杯が開催されたのは2018年です。これを「2014年ロシアW杯」と表記したらあきらかな間違いになってしまいます。

図2 間違いの多い人名の例

- 斉藤、齊藤、齋藤、西藤
- 渡辺、渡邉、渡邊、渡部
- 安倍、安部、阿倍、阿部
- 伊藤、伊東
- 宮崎、宮﨑、宮嵜
- 堀、掘

など

🔍 因果関係も正確に

　事実関係をチェックするときは、因果関係にも気をつけてください。例えば、ある事業のスケールメリットを説明するときに「たくさん仕入れるからコストカットできる」と書くのと、「コストカットするからたくさん仕入れられる」と書くのとでは意味が違います。前者は「たくさん仕入れるから1単位あたりの仕入れ値を安く抑えられる。その結果、コストカットにつながる」という意味。これに対して、後者は「コストカットをしなければいけないから強引に安くたくさん仕入れる」という印象を読者に与えてしまいます。当然、前者のほうがスケールメリットの説明として適切です。

　因果関係を間違うと事実をねじ曲げることにつながります。内容によっては企業イメージを損なうことにもつながりますので、しっかりチェックするようにしましょう。

事実と異なる情報の発信はWebサイトの信用に関わる。正確な表記になるよう注意しながら校閲しよう。

Chapter

4

SEOを意識したWebサイトの制作

60 ターゲット領域を設定しよう

難易度 ★★★★☆

執筆：敷田憲司

Q SEOの視点から見たコンテンツマーケティング

　コンテンツマーケティングをSEOの視点で考えるということは、ユーザー（お客様）の流入は検索エンジンからを主とするため、自身がつくったコンテンツを「いかに検索エンジンで見つけてもらうか、その上で検索結果からクリックしてコンテンツページに流入してもらうか」を考えてコンテンツを作成することが肝要になります。

　SEOの難しいところは、「検索ユーザーの検索意図をかなえるコンテンツ」を多産し、そのコンテンツページがとあるキーワードの検索結果で堂々の1位であったとしても、検索流入が増えるとは限らないことです。なぜなら、検索結果で1位を取ったとしても、そのキーワード自体が誰にも検索されないマイナーなキーワードだったら、誰の検索結果にも表示されないからです。

　Chapter2の企画（→P96）やコンセプトメイキング（→P98）で説明した通り、目的に沿って的を絞ることがコンテンツマーケティングでは重要な考え方ではあるのですが、世間のニーズがない場所に的を絞ってしまうと、検索流入がまったくないコンテンツを生み出してしまうこともあるのです。

　特にBtoBのコンテンツは、専門的でニッチな内容になる傾向があるため、コンテンツの質はよくても、そもそもユーザーが専門的なキーワードを知らないために世間はそのコンテンツを検索では見つけることができないということが起こり得ます。

Q 仮説を立ててターゲット領域を設定する

　せっかくつくったコンテンツが誰にも見てもらえない事態を防ぐためには、コンテンツをつくるときに必ず「どのようなキーワードで検索流入が見込めるか」という仮説を立て、さらにそのキーワードは世間ではどのくらい

のニーズがあるか（検索ボリュームがあるか）を事前に調べておきましょう。

　最初に仮説を立てることで、そのコンテンツのターゲット領域を正確に設定するのです。SEOの視点からのコンテンツマーケティングでは、ターゲット領域が正確に設定できれば「検索ユーザーの検索意図をかなえるコンテンツ」を生み出しやすく、コンバージョン（成約）率も上がりやすくなります。

　また、世間におけるキーワードのニーズ、ボリュームがどのくらいあるのかを知るには、Google広告（旧：Google AdWords）のキーワードプランナーを使うとよいでしょう。同時に関連キーワードも調べることができるので、さらにターゲット領域を正確に設定する助けにもなるツールです 図1 。

　先に述べたとおり、BtoBのコンテンツは専門的でニッチな内容になってしまう傾向があるので、検索すらされないことが起こり得ます。そういった場合は、専門的なキーワードを世間一般の人たちが知る平易なキーワードに言い換えることで、検索される可能性を高める（ターゲット領域を広げる）ことが可能です。ただし、キーワードを言い換えることでニュアンスが変わってしまい、コンテンツの内容がずれてしまうと、ユーザーに誤解を与えるもととなるので注意してください。

　BtoCのコンテンツなら、キーワードのニーズ、ボリュームが広すぎて最初に想定したターゲット以外の検索流入（ユーザー）も拾ってしまうこともありますが、関連の強いキーワードを一緒に含めることで逆にターゲット領域を狭める（正確性を高める）助けにもなりますので工夫しましょう（検索キーワードの条件が増えることで、さらにターゲットが絞れるからです）。

図1 Google広告のキーワードプランナー

キーワードプランナーはGoogle広告にアカウント登録していないと利用できない

まとめ SEOの視点からのコンテンツマーケティングは、検索キーワードについて仮説を立て、ニーズを把握しターゲット領域を設定しよう。

個別記事のコーディング

61

難易度 ★★★★☆

執筆：敷田憲司

SEOも意識して記事を作成する

　記事（コンテンツ）を作成するにあたり、一番意識しなければならないことは「ユーザーの意図を満たす有益な情報を掲載する」ことですが、主に検索ユーザーをターゲットにしているのならば「検索ユーザーの検索意図を満たす」記事を作成することはもちろん、SEOを意識したコーディングを行う必要があります。

　的確なコーディングを行うと、読者が読みやすい記事になるだけでなく、検索エンジンに記事の内容を正確に伝える助けにもなるからです。記事を作成するにあたり、意識するべき基本のSEOタグを表にまとめました 図1 。記事を作成するときに参考にしてください。

検索評価には影響しなくても重要なタグ

　記事を構成し、検索評価に影響するタグ以外にも、ユーザーが検索を行い、コンテンツを評価する上で重要なタグも存在します。それは「<meta>タグのdescription（説明、概要文）」です（→P79、P81）。<meta>タグのdescriptionは、その名の通り、記事ページの説明、概要を伝えるためのテキストです。これは検索流入を考える上では重要なタグですので、Chapter3-70（→P186）にて詳しく説明します。

図1 基本のSEOタグ

タグ	コード	役割	効果・説明	詳細
titleタグ	`<title></title>`	タイトル（題名）	・サイト名やWebページのタイトル（題名）	→P172参照

hタグ	`<h1></h1>`
	`<h2></h2>`
	…
	`<h6></h6>`
		文章の見出し	・文章の内容を端的に表した章題
			・数が少ないものから上位となり、階層構造で記述する
				h1タグについては→P172参照

alt属性	img要素の中に記述 `<img alt="画像の説明文" />`	画像の説明文	・画像など非コンテンツの内容を伝える ・画像が表示されない場合の代替テキストにもなる	→P182参照
strongタグ	`<strong></strong>`	テキストを強調する	・重要項目であることを示す ・似たタグに`<b></b>`があるが、これは文字を太字表示するだけのものである	今はほとんどSEO効果はないとされているが、読者に内容をわかりやすく伝えるための工夫の一つであることは変わらない
blockquoteタグ	`<blockquote></blockquote>`	引用・転載を示す	・外部のコンテンツから引用・転載を行う際に使う ・改行を必要としない程度の引用なら`<q></q>`を使う	→P184参照
canonical属性	head要素のlink要素の中に記述 `<link rel="canonical" href="https://〜" />`	URLの正規化	・内容が重複するページを正規化する ・基準となるURLを指定する ・301リダイレクトと同じ効果	→P188参照

POINT 基本のSEOタグは適宜使用することが望ましいが、SEOタグでコーディングすることを目的にするのは避けよう。度を越すとスパム行為になる。

まとめ まずは「ユーザーの意図を満たす有益な情報を掲載する」記事を作成し、SEOの観点から改善できるところは改善していこう。

62 SEOで重要なサイト設計

難易度 ★★★☆☆

執筆：岡崎良徳

サイト全体の情報の設計図をつくる

　新たにサイトをつくるとき、リニューアルを行うとき、最初に行うべき作業がサイト設計です。サイト設計とは、どんな情報が載っていて、ユーザーがどんな導線をたどってそれらの情報に到達できるのかをまとめたものです。サイト設計を行わずに見た目のデザインから入ってしまうと、導線が混乱し、抜け漏れも発生しやすく、わかりにくいサイトに仕上がってしまいがちです。

グローバルナビゲーションの項目から考える

　サイト設計を行うときには、まずグローバルナビゲーションの項目から考えるとよいでしょう。グローバルナビゲーションとは、Webサイトのすべてのページに共通して設置されるリンクを指します。サイトの最も基本的な情報の固まりに向けてリンクを設置するのが基本で、共通ヘッダーやサイドバーに置かれることが多いです 図1 。

　例として、そばの通販とオウンドメディアを組み合わせたサイトをつくる場合を考えてみましょう。グローバルナビゲーションに掲載される項目は 図2 のようになるはずです。

図1　AllAboutのグローバルナビゲーション例

主要な記事カテゴリへのリンクがひと通り設置されているSNSを通じて露出が増えることにより、被リンク獲得のチャンスが増える

図2 グローバルナビゲーションの項目例

グローバルナビゲーション配下を検討する

　グローバルナビゲーションの項目が決まったら、その配下に入る詳細な項目を考えていきます。先に述べたそばの例なら、「通販」の配下には「麺」や「つゆ」などの項目が、「オウンドメディア」の配下には「おいしいそばの作り方」や「そばの健康効果」などの項目が入ります 図3 。

　このようにサイト設計を行い、情報の固まりごとにコンテンツを適切にまとめることにより、ユーザーにとっても検索エンジンにとっても「そのサイトがどんな情報を扱っているのか」がわかりやすいサイト構造になります。

　制作を進める際にも作業の混乱を防ぎ、スムーズな進行をしやすくなりますので、新規のサイト制作やリニューアルを行う際には、最初にサイト設計を行うことをおすすめします。

図3 サイト設計のイメージ

> **まとめ** 新たにサイトやオウンドメディアをつくるときには必ずサイト設計から行い、わかりやすいサイト構造になるようにしよう。

63 HTMLなどの内部構造は80点を目指そう

難易度 ★☆☆☆☆

執筆：岡崎良徳

🔍 100点満点の内部構造を目指すのは非効率

　SEO施策というと、サイト内部のHTMLタグを細かく調整するテクニカルな作業が発生するという認識の方も少なくないでしょう。5年、10年前であればこうしたアプローチも有効でしたが、現在は正しくありません。Googleの性能が高くなったことで、かなりのレベルで「人間の目が見るように」サイトを把握できるようになったためです。

　SEO関連の情報を検索すると、HTMLマークアップ（HTMLの書き方）を事細かに解説している記事やサイトも多くありますが、それらを完璧に実装しようとすると手間がかかるだけでなく、ミスも増えやすくなります。数万ページを超える中規模以上のサイトでない限り、細かなチューニングを行うよりもコンテンツの中身に注力したほうが費用対効果は高くなるでしょう。

🔍 ロボットが理解できる必要最小限を心がける

　とはいえサイトを見るのは「Googleボット」というロボットであり、順位を決める基本の仕組みはアルゴリズムであることに違いはありません。あまりにもロボットにとって理解しづらいHTML・サイト構造になっていると、Googleがサイトの内容を把握できず、正しい評価を受けられなくなってしまいます。そのため、内部構造については必要最小限、100点満点中の80点程度を目指すのが効率的です 図1 。

　Chapter 3-64から77（→P172〜206）では、80点の内部構造にするために押さえるべき必要最小限の内容について解説します。SEOについて勉強をしていると細かな部分が気になってきてしまうものですが、世の中のサイトのほとんどを占める小規模（数千ページ以下）のサイトでは本書で解説する内容を実践していただくだけで十分です。

図1 内部構造が80点以上ならコンテンツ勝負

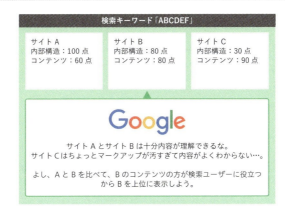

> **POINT**　SEOコンサルティング会社の中には細かなマークアップの指摘に終始するところも珍しくない。そうした提案を真に受けて、無駄な工数をかけないようにしよう。

> **まとめ**　細かなチューニングは結果に結びつきづらい。ポイントを押さえたら、検索ユーザーに役立つコンテンツづくりに注力しよう。

64 ‹title›と‹h1›はページ内容を端的に示す

執筆：岡崎良徳

Q ‹title›‹h1›はいまでもSEOの最重要タグ

‹title›タグと‹h1›タグはSEOにおける最重要タグといわれ続けています。Googleのアルゴリズムが進化して過去ほどの影響力はなくなったとはいえ、いまでもその重要性に変わりはありません。それにも関わらず、いまだに‹title›タグと‹h1›タグに全ページで同じテキストが設定されているケースを頻繁に見かけます。‹title›タグと‹h1›タグの意味を再確認し、自社サイトで適切な設定がなされているか改めてチェックしてください。

Q ‹title›‹h1›はGoogleへの最初のヒント

ではなぜ‹title›タグと‹h1›タグが重要なのでしょうか。そもそも‹title›タグと‹h1›タグが何を意味しているのか理解するために、コンピュータの「ファイル名」と「ファイルを開いたときの大見出し」に例えて説明しましょう。

まず、‹title›タグはファイル名に例えられます 図1 。‹title›タグの内容は基本的に検索結果に表示されるリンクテキストに利用されますが、これはフォルダを開いたときにファイル名の一覧が表示される関係に似ています。

このとき、ファイル名が「ファイル 01」「ファイル 02」「ファイル 03」…となっていたらどう感じるでしょうか。具体的な内容がわからなくて困ってしまいますよね。また、同じ名称のファイルが複数あるときも、目的のファイルがどれか判断できずに困るでしょう。

同様に、ファイルを開いたときに「ファイル 01」と見出しに書いてあったらどうでしょうか 図2 。やはり、具体的な内容がわからなくて困ってしまいます。

このファイル群をつくったのがあなたの部下であったなら、きっと「ファイル名やファイルの大見出しは具体的な内容が端的にわかるようにしてくれ」と指導するのではないでしょうか。

これと同じように、Googleも<title>タグと<h1>タグの内容をページの内容を理解するための重要なヒントとしています。そのため、<title>タグと<h1>タグはいまだに重要なタグであり続けているのです。

図1 title（≒ファイル名）は内容がわかるテキストで

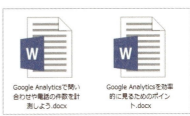

図2 h1（≒大見出し）も内容がわかるテキストで

> ファイル01
>
> xxxxxxxxxxxxxxxxxxxxxxxxxxxxxxxxxxxxxxxxxxxxxxxxxxxxxxxxxxxxxxxxxxxxxxxx。
>
> xxxxxxxxxxxxxxxxxxxxxxxxxxxxxxxxxxxxxxxxxxxxxxxxxxxxxxxxxxxxxxxxxxxxxxxx。
>
> xxxxxxxxxxxxxxxxxxxxxxxxxxxxxxxxxxxxxxxxxxxxxxxxxxxxxxxxxxxxxxxxxxxxxxxx。
>
> xxxxxxxxxxxxxxxxxxxxxxxxxxxxxxxxxxxxxxxxxxxxxxxxxxxxxxxxxxxxxxxxxxxxxxxx。

> コンテンツSEOにおける
> オウンドメディアの意義と活用法
>
> xxxxxxxxxxxxxxxxxxxxxxxxxxxxxxxxxxxxxxxxxxxxxxxxxxxxxxxxxxxxxxxxxxxxxxxx。
>
> xxxxxxxxxxxxxxxxxxxxxxxxxxxxxxxxxxxxxxxxxxxxxxxxxxxxxxxxxxxxxxxxxxxxxxxx。
>
> xxxxxxxxxxxxxxxxxxxxxxxxxxxxxxxxxxxxxxxxxxxxxxxxxxxxxxxxxxxxxxxxxxxxxxxx。
>
> xxxxxxxxxxxxxxxxxxxxxxxxxxxxxxxxxxxxxxxxxxxxxxxxxxxxxxxxxxxxxxxxxxxxxxxx。

> **まとめ** <title>タグと<h1>タグはSEOの最重要タグ。ページ内容を端的に表すユニークなテキストを設定する癖をつけよう。

65 低品質なページや重複コンテンツの対策

難易度 ★★★☆☆

執筆：岡崎良徳

Q 意図せず発生する低品質コンテンツ

Chapter1-13（→P40）、1-14（→P42）で説明した通り、情報量（≒テキスト量）が少ないページやユニークな情報がほとんどないコピー＆ペーストでつくられたようなページは、Googleから品質が低いと判断されがちです。

品質の低いページがサイトの大部分を占めるような場合、サイト全体の評価も低く見られてしまい、場合によっては手動ペナルティの適用もありえます。しかし、サイトの仕様上、どうしても低品質なページが発生せざるを得ないケースがあります。意図的に行っているわけではないのに、評価減やペナルティなどに遭ってしまってはたまらないですよね。ここでは、そのような場合にどういった対応をすべきなのか解説します。

Q content="noindex"でインデックス拒否

「ECサイト内の検索結果で、ヒットする商品がゼロ件のページ」「顧客への案内の都合で存在する、店名・住所・電話番号だけが掲載されたページ」「ユーザー参加型サイトで短文の投稿が多数ある」など、サイトの仕様やビジネス上の都合でユニークな情報がほとんど存在しないページが発生してしまうケースは珍しくありません。

サイト運営者の立場からみれば仕方がなく発生しているページであっても、検索ユーザーにしてみれば、商品が一つも載っていないページや、タウンページを見ればわかるような情報しか載っていないページに価値はありません。Googleからは、実質的な内容のないページでサイトのボリュームを水増ししようとしていると見られてしまうリスクがあります。

そんなときに役立つのが、<meta>タグの属性のひとつである「content="noindex"」属性です。これは検索エンジン向けに「このページ

はインデックスしないでよい」と示すタグで、原則としてこれが記述されたページはSEO評価の対象外になります。noindex属性は<head>タグ内に以下のように記述します。

<meta name="robots" content="noindex" />

辞書風コンテンツやFAQコンテンツでページの総数を増やす施策は、過去に流行したSEO施策です。特に2012年以前から運営が続いているサイトではこうしたページが残っている可能性があるため、低品質と思われるページにはnoindexを記述してSEO評価の対象から外しましょう 図1 。

図1　noindexによりSEO評価対象から除外できる

noindexページへのリンクにはnofollow

noindexを設置したページはインデックスさせる必要がないページ、つまりGoogleのロボットにたどらせる必要がないページとなります。無駄なクロールを発生させるリンクはロボットの効率的な巡回を妨げてしまうので、クロールが不要であることを伝える属性である「nofollow属性」をあわせて記述することが望ましいです。リンクに対してnofollow属性を設定する場合は、以下のように記述します。

<a href="http://example.com/" rel="nofollow">

無意識のうちに発生しがちな重複コンテンツ

　他サイトからのコピー＆ペーストで構成されたページがGoogleから評価されないのと同様に、同一のサイト内でも似たような内容のページが多数存在するとGoogleからの評価が下がってしまいます。実は、サイト運営者に似たようなページを量産しているという意識がなくても、多くのサイトで重複コンテンツが発生しているのです。

　よくある例を以下に示します。ご自身の運営しているサイトがこれに当てはまっていないか確認してください。

- httpsとhttpのページにそれぞれアクセスできる
- index.htmlの有無に関わらずアクセスできる
- www.の有無に関わらずアクセスできる
- アクセス解析の都合で同じページへのリンクでも別々のパラメーターがついている
- サイト内検索結果ページに「新着順」「価格の安い順」「価格の高い順」などのソート機能がある

　チェックの結果、いずれか当てはまるものがあるときには次のcanonicalについての解説をご覧ください。

重複コンテンツ対応にはcanonical

　内容が重複するページが複数存在する場合、URLを一つに定め、分散していたURLからはリダイレクトをかけて一本化するのが原則的な対応です。しかし、サイトの仕様やビジネス上の都合で対応が難しいケースもあるでしょう。商品ページの「価格の安い順」「価格の高い順」などは検索エンジンの目から見れば同じ内容を並び替えただけの重複コンテンツですが、一般のユーザーからしてみれば有用な機能で、SEO上の都合のみで排除するわけにはいかないものです。

　そうしたときに活躍するのが、<link>タグ属性の一つであるrel="canonical"です 図2 。これは「このページはあるURLを元にしたコピーのページなので、コピー元のページに集約してください」と検索エンジンに伝える役割を持つ属性で、インデックスやSEO評価を指定したページに集約することができます。canonical属性は<head>タグ内に以下のように記述します。

<link rel="canonical" href="コピー元のURL">

図2　内容が重複するページはcanonical

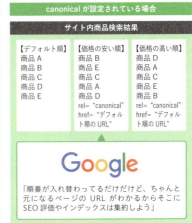

> **POINT**　noindex、canonicalの適用結果は新しいGoogle Search Consoleの「URLを検査」機能で確認可能。設定がGoogleに認識されているか心配なときはこの機能で確認しよう 図3 。

図3　新しいGoogle Search Consoleの「URLを検査」機能

この機能でインデックス状況やcanonicalの認識状況がわかる

> **まとめ**　意図せず生じた重複・低品質コンテンツでも、Googleは意図的かどうか判断できないため注意しよう。

パンくずリストを設置して階層構造を表現する

執筆：岡崎良徳

パンくずリストはユーザーにとっても有用

　パンくずリストとは、ユーザーに対して「今どこのページにいるのか」をわかりやすく示すナビゲーションです。多くの場合、ヘッダーのグローバルナビゲーション付近に設置されています。

　グルメ情報分野では日本有数のSEOの強さを誇る「食べログ」を例に挙げてみましょう。とある店舗情報ページでは、下記のパンくずリストが設置されています。

食べログ ＞ 東京 ＞ 東京串揚げ ＞ 渋谷・恵比寿・代官山串揚げ ＞ 渋谷串揚げ ＞ 渋谷駅串揚げ ＞ 〇〇〇（店名）

　パンくずリストを見るだけで、東京のどの地域にある串揚げ屋であるかがわかりますよね。ここから渋谷駅周辺の串揚げ屋をすべて見たいときは、パンくずリストの「渋谷駅串揚げ」をクリックすればよいのでユーザービリティ的にも優れています 図1。

図1　食べログのパンくずリストの例

階層構造が整理されていてわかりやすい

パンくずリストはGoogleも利用

　ユーザーだけでなく、Googleもサイトの階層構造を把握するためにパンくずリストを利用しています。パンくずを見てそのページがサイトの中でどういった位置づけにあるのか、サイト全体としてどういった情報を扱ってい

るのかといった情報を分析しているのです。では、先ほど挙げた食べログのパンくずが以下のようだったらどのように見えるでしょうか。

食べログ > 東京 > ○○○（店名）

これでは、このお店が東京にあることしかわかりません。また、「東京」の階層の配下には串揚げ屋だけでなく、居酒屋、カフェ、ラーメン屋、フレンチレストラン等が雑多に詰め込まれている構成になるため、サイト全体としてどういう情報を扱っているのか、どんな情報が充実しているのかといったことが把握しづらくなってしまいます 図2 。

図2　パンくずリストが不十分だと……

パンくずリストはユーザーにとっても、検索エンジンにとっても情報整理のために必須の要素です。うっかり抜けてしまったり、デザインを重視して削ったりしないようにしてください。また、パンくずリストのテキストはそれぞれの階層にどんな情報がまとめられているのかがわかりやすいように、キーワードをきちんと含めてください。

ただし、不必要に細かく階層化するとかえってわかりにくくなってしまいます。食べログのような超巨大サイトでなければ、3〜4階層程度を目安にするとよいでしょう。

> **まとめ** パンくずリストはデザインが目立ちにくいためその重要性を見落としがち。トップページ以外には必ず設置するよう意識しよう。

URL変更時には
リダイレクト設定を行う

難易度 ★★☆☆☆

執筆：岡崎良徳

🔍 サイト運営中にしばしば起きるURL変更

　長くサイトの運営を続けていると、当初想定していた設計と実態が合わなくなってきたり、デザインが古臭くなってしまったりといった理由から、新旧ページの廃止・統合やリニューアルの必要が生じることが珍しくありません。そのようなときに注意したいのが、廃止されるページやURLが変更されるページへの対応です。

　一度でもGoogleにインデックスされたページにはなんらかのSEO評価が与えられます。マイナスの評価であれば捨て去ってしまったほうがよいのですが、普通にサイト運営をしていたならたいていの場合、プラスの評価が蓄積されています。なんのケアもなくページの廃止やURL変更を行ってしまうと蓄積された評価を一気に失ってしまうことがあるため、そうした対応を行うときには以下で説明する設定が必要です。

🔍 301リダイレクトで評価を引き継ぐ

　原則として、一度インデックスされたページのURLは変更しないほうが無難です。しかし、事情によってどうしてもURLの変更が必要になってしまうケースは存在します。そんなときは、リダイレクト（自動転送）を設定しましょう。リダイレクトを設定しておけば、旧ページをブックマークしていたユーザーがアクセスしてきたときに、自動的に最新のページに転送できます。

　SEO的にも意味が大きく、きちんとリダイレクト対応をしておけばURL変更によって検索エンジン経由の流入が激減してしまうといった事故を防ぐことが可能です。反対に、リダイレクト設定が漏れているとアクセス激減を招いてしまうことがあります。

　リダイレクトでありがちな失敗例としては、旧URLからのリダイレクト

をそもそも設定していない、すべてトップページにリダイレクトさせてしまうといったものが挙げられます。原則として、内容が似ているページに対してリダイレクトを行い、どうしても似た内容のページが存在しない場合にのみTOPページへのリダイレクトを行うようにしてください。リダイレクト先の設定に悩んだときは、それによってユーザーが困ることをなるべく減らすにはどうしたらよいかを意識するとよいでしょう 図1 。

リダイレクトにはいくつかのステータスコードが存在します。廃止・統合・リニューアルなどの場合には、永久的に変更されたことを示す「301」を使用してください。

図1　リダイレクトはていねいに行う

同じ内容を含むページへのリダイレクトが原則

 リダイレクトのミスはSEO上での致命傷になりやすい。サイトのリニューアル時には優先順位を上げて確認しよう。

まとめ　リダイレクトを忘れてURLを変更するとSEO評価を一気に失ってしまう。URL変更をするときは慎重に対応しよう。

68 alt属性で画像の内容を検索エンジンに認識させる

執筆：敷田憲司

🔍 alt属性で画像の説明を行う

alt属性は、<img>タグを使って画像を表示する際に、その画像の説明をテキストによって表現するために使う属性です。

検索エンジンは、画像がただそこにあるだけでは「何の画像なのか」「何が写っているのか」など、画像の内容を正確に認識できません。正しく認識してもらうためには、テキストで画像の内容を説明する必要があるのです。そこでalt属性を設定し、画像の内容や意味を説明することによって、検索エンジンに画像をより詳細に認識するよう促します 図1。

🔍 適切に使用することで効果を発揮する

ただし、SEOの効果があるからといって、すべての画像にalt属性を設定すればよいというものではありません。

例えば、サイトのデザインのために使っている空白画像やラインマーカーなどはコンテンツとしては意味を持ちません。デザイン調整だけのものに"空白画像"や"ラインマーカー"というalt属性を加えると、逆に検索エンジンがコンテンツを正しく認識できなくなってしまいます。設定すべき画像とそうでない画像を選別して、適切に対応する必要があります。

また、alt属性にキーワードを詰め込みすぎるのも逆効果になります。過度に行うとスパム行為と判定されることもあるので注意しましょう。

図1 alt属性とは

タグの表記例：`<img src="○○○.jpg" alt="チューリップの画像">`

検索エンジンはタグから
チューリップの画像が表示されていると認識する。

> **POINT**
> 「SEOに有効だからalt属性にテキストを入れる」のではなく、「画像の内容、意味を説明するためにalt属性にテキストを入れることで結果的にSEOの効果がある」と理解しよう。

🔍 ユーザビリティとアクセシビリティの向上

　alt属性のaltは「代替、二者択一」という意味がある「alternative」の略です。alt属性にはその意味の通り、通信速度が遅いなど何らかの理由で画像が読み込めない場合は、画像の代わりにalt属性のテキストが表示されるという機能を備えています。これによって、画像が表示されなくても、どのような画像が表示されるはずだったかをある程度は想像できる（意図を伝えることができる）のです。

　また、アクセシビリティの観点からもalt属性の設定は重要といえます。画像を見ることができない視覚障害の方が文章読み上げソフトを使った場合は、画像部分はalt属性のテキストが読み上げられます。その際、alt属性が空白であるものと、画像の内容、意味が説明されているものでは、圧倒的に後者が親切といえるでしょう。

　このように、alt属性を設定することはSEOだけでなく、ユーザビリティ、アクセシビリティの向上にも効果があるのです。

> **まとめ**
> alt属性は快適にコンテンツを使ってもらうための工夫。alt属性に限らず、「ユーザーのために行う施策は何か」を考えて実践しよう。

69 ＜blockquote＞タグで引用箇所を明示する

難易度 ★★★☆☆

執筆：敷田憲司

🔍 ＜blockquote＞タグとは

「＜blockquote＞タグ」とは、外部のコンテンツページから引用、転載を行う際に使用するタグです 図1 。

例えば、自分ではなくほかの誰かが発信した情報があり、その情報を元に自身のオリジナルな情報を加えた場合に、＜blockquote＞タグを使うことで「元となった情報はこれです」と明示するときに使います。ユーザーに引用していることを知らせることで、情報の出どころをはっきりさせることができるのです（引用部分が改行を必要としない程度であれば、＜q＞タグを使うこともあります）。

🔍 引用を明示しても重複コンテンツ扱いになる

では、＜blockquote＞タグを使わずに外部のコンテンツページから引用、転載しただけでコンテンツを作成した場合はどうなるでしょうか？

外部コンテンツから情報を盗用する意図があろうとなかろうと、コピーコンテンツ（重複コンテンツ）だと検索エンジンに判定され、コンテンツの検索評価が落とされる（ペナルティを受ける）可能性があります。さらに考えて、＜blockquote＞タグを使っておけば重複コンテンツだと判定されず、ペナルティを受けずに済むでしょうか？

答えはNoです。たとえ引用、転載部分を＜blockquote＞タグで囲んでいたとしても、外部コンテンツの引用のみでコンテンツが構成され、オリジナルの要素がほとんどなければ、コピーコンテンツだと判定されてペナルティを受ける可能性があるのです。

図1 <blockquote>タグの使い方の例

```
引用とは？

<blockquote>インターネットの掲示板やパソコン通信のフォーラム、
電子メールなどで、他の文章を引くこと。</blockquote>

引用元：<cite>引用（いんよう）とは - コトバンク</cite>
```

タグの表記例：<blockquote>引用した文章</blockquote>

※ 引用部分はデフォルトの状態で、上下に1行分のスペースが挿入され、左右も隙間を開けて表示される（cssで変更が可能）。

※ 更に <cite> タグで引用元のページタイトルを括る（できればリンクも貼る）と、引用部分だけでなく、引用元のページを明示することにもなる。

🔍 ユーザーのためにも引用であること明示する

<blockquote>タグを使ったからといって、SEOの効果（検索評価が上がること）はあまり望めません。しかし、引用していることを明示することはユーザーに情報の出どころを明らかにした上で、内容の理解を促す助けとなります。さらに、検索エンジンにも引用部分とオリジナル部分が分けられているのを明示することにもなります。

Webコンテンツに限らず、事実と意見（考察）がはっきりしない文章は読みづらく、理解が難しいものです。<blockquote>タグを適切に使用して「引用とオリジナルが明示されて読みやすい、理解しやすい」コンテンツづくりを目指しましょう。

 <blockquote>タグはSEOの効果を狙って使うのではなく、ユーザーと検索エンジンに引用、転載であることを伝えるために使おう。

70 <meta>タグのdescriptionを設定して検索流入を増やす

難易度 ★★★☆☆

執筆：敷田憲司

🔍 <meta>タグのdescriptionとは

　<meta>タグのdescriptionとは、Webページの説明、概要をテキストで表すものです。head要素内にタグを設置して使用します（→P81）。また、ページのタイトルやURLといっしょに検索結果にも表示されます 図1 。

　ただし、設定したからといって必ず設定した通りのテキストが検索結果に表示されるとは限りません。検索エンジンは、検索キーワードやユーザーの検索意図と<meta>タグのdescriptionの内容を照らし合わせて、descriptionの内容が適切でなければ、自動的にコンテンツの文頭、もしくは意図に沿ったコンテンツ内のテキストを抜粋して表示することもあるからです。

図1　descriptionの内容（説明、概要文）は検索結果に表示される

🔍 検索評価に影響はなくユーザーの評価に影響

　<meta>タグのdescriptionの内容は、以前は検索評価を決める要素の一つでしたが、現在は検索評価には影響を与えない（SEOの効果がない）要素です。

　しかし、検索評価に影響しないからといって、何も設定しないのは機会損失であるといえます。前節でも述べましたが、descriptionの内容はページ

のタイトルやURLといっしょに検索結果にも表示され、検索ユーザーは表示された検索結果から、そのページを閲覧するかどうかを決めるからです。

つまり、descriptionの内容を設定していれば、検索ユーザーにページを開く前に内容を端的に伝えられる可能性が高まり、実際に検索流入数を増やすきっかけにもなるのです。

> **POINT**
> 検索エンジンの種類やデバイスによって表示されるdescriptionの中身の文字数は変わる（検索エンジンの仕様変更によっても変わることがある）。PCなら120文字、モバイルなら50文字ほどに収めるとよいだろう。

<meta>タグのdescriptionの重複を避ける

WordPressなどのCMSでサイト構築を行っていると、どのページにも同じ説明文を設定してしまうことがよくあります。

しかし、検索結果に同じサイト内の同じタイトルや同じ説明文のページが存在すると、コピーコンテンツとみなされてしまう可能性があり、ひいてはサイト全体の検索評価を下げてしまうことにもなるため、descriptionの内容は極力重複しないように個別に設定することが望ましいのです。

説明文の重複を避けるには、GoogleのSearch Consoleを使って定期的にdescriptionの重複チェックを行いましょう 図2 。

図2 Search Consoleの重複チェック

この機能は旧型にだけ実装されている

 まとめ <meta>タグのdescriptionにはSEO効果はないが、ユーザーがページを見るか判断するうえで大事な要素。できれば設定しておこう。

71 PCとスマートフォンでURLが異なる場合の対応

執筆：敷田憲司

Q link要素のalternateとcanonical

　スマートフォンのようなモバイル機器は画面が小さいため、パソコンやタブレットで表示するWebサイトをそのまま表示させるには不向きです。最近では、画面サイズまたはWebブラウザに応じたWebページが閲覧できることを目指した「レスポンシブデザイン」のWebサイトも増えてきましたが、PCサイトとスマートフォンサイトのURLを分けることで対応しているサイトもいまだ多く存在します。この場合、URLは違っていても同じページであることを検索エンジンに正しく伝える（認識させる）必要があります。

　同じページだと検索エンジンに正しく伝えないと、PCサイトだけが認識され、スマートフォンサイトは認識されないことが起こったり、両方とも認識されたとしてもコンテンツ内容が同じなために重複コンテンツだと判断されて、検索評価を落としてしまうこともあるからです。

　この問題を解決するには、link要素に「rel="alternate"」または「rel="canonical"」を設定します。

Q 用途に合わせて的確に設定する

　alternateとcanonicalは用途が違うため、適切に設定する必要があります。

1．rel="alternate"

　alternateの意味は「代わり、交代」であり、rel="alternate"は「代替となるページが存在する」ことを示します。

　例えば、URLが違っているがPCサイトだけでなくスマートフォンサイトのページも存在していることや、日本語版サイトのページだけでなく英語版

サイトのページも存在しているということを検索エンジンに認識させるために使います（代替ページがスマートフォンサイトならば、合わせてmedia属性も設定しましょう）図1。

図1　link要素に「rel="alternate"」を設定した場合

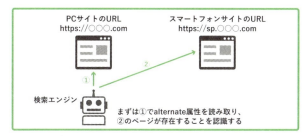

PCサイトのページに下記のタグを設置する

●タグの表記例：
<link rel="alternate" media="only screen and(max-width:640px)" href="https://sp.○○○.com" />

2．rel="canonical"

canonicalの意味は「標準的、正典」であり、rel="canonical"は「正規化する」ことを示します。

例えば、PCサイトとスマートフォンサイトでURLが違うがほぼ同じ内容のページが複数存在する場合に、PCサイトとスマートフォンサイトのページを正規化した（一本化した）URLのみを検索エンジンにインデックスさせることで重複コンテンツと判断されるのを防ぐために使います図2。

図2　link要素に「rel="canonical"」を設定した場合

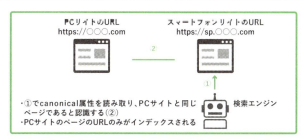

スマートフォンサイトのページに下記のタグを設置する

●タグの表記例：
<link rel="canonical" href="https://○○○.com" />

> **POINT** rel="alternate"は「代替となるページが存在する」場合に設定するものであり、絶対に設定しなければならないものではない。

🔍 リダイレクトの設定も合わせて行う

　rel="canonical"を設定することで検索エンジンに登録されるインデックスの正規化は行えますが、被リンクのURLが違うことで被リンク効果が分散してしまうことがあります。これを避けるためにも、リダイレクト（自動転送）で統一したURLに転送する設定も合わせて行うとよいでしょう（→P180）。

　これは外部サイトの被リンクから流入したユーザーを正しいコンテンツページに導くのはもちろん、URL変更による検索エンジン経由の流入が減ることも防ぐためです（リダイレクト設定には.htaccessの設定など、いくつか方法がありますが、ここでは割愛します）。

 まとめ PCサイトとスマートフォンサイトでURLを分けているなら、検索エンジンに重複コンテンツとみなされないためにも設定が必要。

72 ページ分割のトラブルを減らす4つの対応策

難易度 ★★★★☆

執筆：岡崎良徳

ページ分割はSEOトラブルの巣窟

多数の記事や商品が存在する場合の一覧ページ、長すぎる記事の分割表示など、ある程度の規模のWebサイトを運営する場合は、ページ分割の発生が避けられません 図1 。そしてページ分割はSEO関連のトラブルが発生しやすいポイントです。ちょっとした注意をするだけで避けられるトラブルですので、つまらないミスでサイトの価値を下げないよう、ここで確認しておきましょう。

図1 ページ分割の例。記事数、商品数が増えるとページ分割が膨大に

Yahoo!ニュース
https://news.yahoo.co.jp/hl?c=c_spo&p=1

Yahoo!ショッピング
https://shopping.yahoo.co.jp/category/2514/3174/24334/3184/list

ページ分割時の4つの対応

● URLのユニーク化

2ページ目、3ページ目と遷移した際に、同一URLのまま遷移してしまうサイトをしばしば見かけます。このような実装をしているとGoogleから見て2ページ目以降が存在しないも同然になってしまうので、個別のURLを発行してください。また、2ページ目以降をブックマークしたり、共有したりしたいユーザーにとっても不便です。

悪い実装の例

1ページ目：example.com/category01/
2ページ目：example.com/category01/
3ページ目：example.com/category01/

正しい実装の例

1ページ目：example.com/category01/ ※
2ページ目：example.com/category01/p2/
3ページ目：example.com/category01/p3/

※example.com/category01/p1/というURLが重複して発行されているケースが珍しくないので注意

● title重複を回避する

1ページ目と2ページ目以降で<title>タグのテキストが重複しているケースも珍しくありません。単純に「2」「3」などページ数をつけるだけでよいので、<title>重複を起こさないよう注意してください。

悪い実装の例

1ページ目：<title> ビジネスマナーの記事一覧 </title>
2ページ目：<title> ビジネスマナーの記事一覧 </title>
3ページ目：<title> ビジネスマナーの記事一覧 </title>

正しい実装の例

1ページ目：<title> ビジネスマナーの記事一覧 </title>
2ページ目：<title> ビジネスマナーの記事一覧 2</title>
3ページ目：<title> ビジネスマナーの記事一覧 3</title>

● rel="next"とrel="prev"で前後のページを指定する

前後のページを示す<link>タグの属性です。<head>タグ内に下記のように指定します。これによりGoogleが前後のページ関係を理解しやすくなり、「似たようなページがバラバラに存在する」とGoogleに認識されるリスクを低減できます。

> **実装の例**
>
> 1ページ目：<link rel="next" href="http://example.com/category01/p2/">
> 2ページ目：<link rel="prev" href="http://example.com/category01/">
> 　　　　　<link rel="next" href="http://example.com/category01/p3/">
> 3ページ目：<link rel="prev" href="http://example.com/category01/p2/">

● 2ページ目以降のパンくずリストを1ページ目にぶら下げる

そのページ一覧のなかでどこが最も重要なのかを示すために、2ページ目以降が1ページ目の配下になるようパンくずリストを設置します。これにより1ページ目と2ページ目以降のSEO評価が分散してしまうことを防ぎます。

> **実装の例**
>
> 1ページ目：TOP > ビジネスマナーの記事一覧
> 2ページ目：TOP > ビジネスマナーの記事一覧 > 2ページ目
> 3ページ目：TOP > ビジネスマナーの記事一覧 > 3ページ目

Chapter 4　SEOを意識したWebサイトの制作

まとめ　ページ分割時は、少し手間をかけることでサイトの価値を保てる。一度実装すれば同じ問題を避けられるので、ていねいに対応しよう。

73 SNS上での拡散を助けるOGP設定

難易度 ★★★★★

執筆：敷田憲司

🔍 SNSからの流入を増やすOGP設定

　OGPとは「Open Graph Protocol」の略称で、TwitterやFacebookなどのSNSでページをシェアした際に差し込まれるサムネイル画像や概要文などを意図した通りに表示させる仕組みです（Twitterでは「Twitter Card」と呼ばれています）図1。

　SNSではタイトルとURLが表示されているだけの投稿よりも、概要文やサムネイル画像がいっしょに表示されている投稿のほうが圧倒的に流入数も増え、さらに閲覧したユーザーもシェアを行う可能性が高まるという好循環を生み出します。自分以外のユーザーの投稿も多く表示されるタイムライン上では、タイトルとURLだけの簡素なテキスト情報だけでは目立ちにくく、気づかれずに流れてしまうからです。SNSからの流入を増やすには、OGPは取り入れてしかるべき施策だといえます。

図1 Facebook（左）やTwitter（右）上での表示例

投稿内のサムネイル画像提供：アイキャッチャー（https://ai-catcher.com/）

> **POINT** 謝罪などのネガティブな内容を投稿する場合は、サムネイル画像をつけることで余計な情報となってしまうこともある。内容によって使い分けよう。

OGPの基本設定

OGPの基本設定について、まずは以下のコードをhead要素として設置しましょう。

```
<head prefix="og: http://ogp.me/ns# fb: http://ogp.me/ns/fb#
article: http://ogp.me/ns/article#">
```

これは、FacebookのOGP設定を使用すると宣言するものです。次に、下記の基本かつ必須のプロパティを設置します。

```
<meta property="og:title" content="ページの タイトル"/>
<meta property="og:type" content="ページの種類"/>
<meta property="og:url" content="ページの URL"/>
<meta property="og:image" content="サムネイル画像のURL"/>
<meta property="og:description" content="ページのディスクリプション（説明文）"/>
```

これで、FacebookやTwitterで共通のOGP設定が完了しました。さらに詳しい設定方法は、公式リファレンス（https://developers.facebook.com/docs/reference/opengraph/）を参考にしてください。

🔍 FacebookやTwitter独自の設定

　上記の基本設定以外に、FacebookやTwitter独自の設定も必要になりますので、忘れないように設定しておきましょう。

1．Facebook独自の設定

　FacebookにOGPを表示させるには、以下の設定も必要です。

```
<meta property="fb:admins" content="FacebookのadminID" />
```

　ここにある「FacebookのadminID」とは、Facebookの個人アカウントのID番号です。確認する方法は以下の通りです。

（1）自身のFacebookアカウントにログインし、プロフィール写真をクリックします。
（2）画面のURLで「&type=1&theater」となっている箇所を探します。
（3）「&type」の前に記載されている数字がadminIDとなります。

　また、adminIDでなくapp-IDというIDを取得して設定する方法もあります。app-IDを取得して以下のタグを設定してください。

```
<meta property="fb:app_id" content="Facebookのapp-ID" />
```

　app-IDを取得する方法は、以下の通りです。

（1）Facebook開発者アプリのページ（https://developers.facebook.com/apps/）から新規アプリケーションを作成します。
（2）完成すると、アプリの情報欄に「アプリID」という数字が表示されます。これがapp-IDになります。

2．Twitter独自の設定

Twitterにも以下のような独自の設定が必要です。

```
<meta name="twitter:card" content=" Twitterカードの種類" />
<meta name="twitter:site" content="@Twitterアカウント" />
```

Twitterカードの種類は 図2 の通りです。

図2　Twitterカードの種類

Summary Card	一般的な表示形式。 content="summary"と指定してください。
Large Image Summary Card	イメージ画像がSummaryカードよりも目立つ形式。 content="summarylargeimage"と指定してください。
Photo Card	画像が大きく表示される形式。 content="photo"と指定してください。
Gallery Card	複数の写真を表示する形式。 content="gallery"と指定してください。
App Card	アプリケーションを紹介、表示したいときに使う形式。 content="app"と指定してください。

また、図3 ではTwitterカードが正しく設定されているか（どういう表示となるか）を確認できますので、設定後は実際に確認してみましょう。

図3　Twitterカードの表示を確認できるバリデーター

https://cards-dev.twitter.com/validator

> **まとめ** シェアするコンテンツページをつくり込むのはもちろん、その後の周知もコンテンツマーケティングにおいて重要といえる。

74 重要なページの表示スピードをチェック

執筆：敷田憲司

🔍 表示が遅いページは敬遠される

　検索結果から閲覧したいWebページをクリックしてもなかなか表示されない場合、あなたはそのままじっと待っていますか？　おそらくページのすべてが表示される前に、そのページを閉じて検索結果のページに戻り、ほかのページを探すのではないでしょうか。特にこの傾向はパソコンを使っているときよりもスマートフォンを使っているときに顕著にあらわれます。

　Googleはスマートフォンなどモバイルデバイスでのサイト表示を行う場合、AMP（Accelerated Mobile Pages）というモバイルページを高速で表示させる手法を推奨しています。それだけモバイルユーザーは表示速度が遅いWebサイトを嫌うということでもあるのです。

🔍 表示速度も評価要素のひとつ

　Googleは、2018年7月にWebページの表示速度をモバイル検索の評価要素に組み込んだ「Speed Update」を実装したことを公表しました（PCサイトの検索評価でも、ページ表示速度は2010年より評価要素に組み込まれています）。

　つまり、表示速度が遅いWebページは検索評価が悪くなり、検索順位も落ちることになるのです。ただでさえ表示速度が遅いページはユーザー体験を損なうため離脱率も高くなってしまいますから、表示速度のスピードは極力上げておきたいものです。

> **POINT**　「Speed Update」は、Googleの発表通りに受け取れば「ものすごく遅いと感じさせるページだけに影響する」とのこと。実際に周りの人に閲覧してもらってどう感じるか聞いてみるのもよいだろう。

ページの表示速度のチェック

　サイト全体の表示スピードを上げるとなると、ソースコードを変えるだけにとどまらず、サーバーのレスポンスタイムなど根幹から見直すことも必要です。しかし、すべてのサイト管理者がそれを行うというのは現実的ではありません。

　そこで、まずは自身のサイトで特に重要なページの表示速度をチェックすることでサイトの表示速度の現状を知り、できるところから改善に取り組んでいきましょう。

　また、Googleはスピードに関わるユーザー体験を向上させられるかを考えて施策を行うことを推奨しているとともに、高速化に役立つリソースやツールもあわせて紹介しています 図1 。表示速度をチェックして、審査後のアドバイスを元にして改善を行いましょう。

図1　表示速度チェックツールの例

Google PageSpeed Insights
https://developers.google.com/speed/pagespeed/insights/

Google モバイルサイトの読み込み速度とパフォーマンスをテストする
https://testmysite.withgoogle.com/intl/ja-jp

 まとめ　ツールの診断結果ポイントを上げるためではなく、ユーザーにより快適に使ってもらうための改善という観点で高速化に取り組もう。

75 重要な内部リンクにはテキストも設定する

執筆：敷田憲司

🔍 内部リンクはSEOにも影響する

　SEOでリンクというと、外部リンク（被リンク）ばかりが注目されますが、自サイト内へのリンクである内部リンクもSEOでは評価要素の一つです。内部リンクを適切に設置することで検索評価が上がるのはもちろん、サイトが使いやすくなることでユーザーの回遊もスムーズになり、PV（ページビュー）も増えるという好循環につながります。

　なぜ内部リンクがSEOに影響を与えるのでしょうか？　その理由は、内部リンクはサイト構造とページ同士の関連性を検索エンジンに伝えることができ、また、検索エンジンのクローラーがサイト内を巡回しやすくなるとインデックスされやすくなるからです。だからこそ内部リンクの張り方を工夫することで、さらなるSEOの効果が望めます。

🔍 内部リンクにはテキストもつける

　内部リンクを設置するにあたり、画像に内部リンクを張ることでバナーやボタンとして使っている方もいるのではないでしょうか。

　Chapter 3-68（→P182）でも解説したように、内部リンクであっても画像にはalt属性を入れることが望ましいのはもちろん、実は外部・内部問わずリンクはアンカーテキスト（リンクテキストともいう）の方がSEOの効果が高いのです。

　アンカーテキストとはテキストでリンクされているもの、つまり<a>タグで囲われているテキストのことをいいます。

　アンカーテキストがよい理由は、アンカーテキストそのものがリンク先のページ内容を示す記述である（ページタイトルがそのままアンカーテキストとして使われることが多い）ため、ユーザーも検索エンジンもリンク先のペー

ジ内容を理解しやすいという利点があるからです。

しかし、すべてのリンクを（特に内部リンクを）アンカーテキストにするのは現実的ではなく、サイトのデザインを損なうことも否めません。よって、特に重要な内部リンクについては画像だけでなくテキストもいっしょに設置し、デザイン性もユーザービリティも損なわないよう工夫しましょう 図1 。

図1　画像だけでなくテキストもつける

タグの表記例

```
<a href= "https://○○○.com/baseball/" >
<img src= "baseball.jpg" alt= "野球の画像" ></a>
```

画像だけでなく「野球（Baseball）記事一覧」というテキストをつけることで、リンク先ページが「野球カテゴリーの記事一覧ページ」であることを明確に示す。

```
<a href= "https://○○○.com/baseball/" >
野球（Baseball）記事一覧 </a>
```

さらにアンカーテキストにすることで効果が増す。

検索エンジンはリンクの前後もチェックする

検索エンジンはリンクそのものを評価するのはもちろん、リンクの前後も含めて評価を行っている傾向にあります（これはアンカーテキストだけでなく、画像リンクについても同様です）。

その理由は、リンクが設置された前後は必然的にリンクと関連性が高い内容となるからこそ、リンクの前後を含めたコンテキスト（コンテクストともいう）として検索エンジンがチェックするからです。

ですから、画像の内部リンクを張るだけではなく、前後にテキストをつけて「文脈」で理解、評価してもらうように工夫することが検索エンジンの評価だけでなくユーザビリティも向上させることにつながるのです。

 まとめ 内部リンクを適切に設置すると検索評価が上がるだけでなく、ユーザーの回遊がスムーズになりページビューも増える。

76 「画像だけ」「動画だけ」のページをつくらない

難易度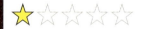

執筆：岡崎良徳

Q Googleは画像や動画の理解が苦手

　画像を適切に使ったページは訴求力がある上に、文章だけでは理解が難しい内容をわかりやすく説明できるなど、魅力がたくさんありますよね。最近では動画の撮影・編集も手軽になったので、コンテンツづくりに動画を活用しているケースも増えてきています。

　画像や動画をうまく使うと、人間の目からはわかりやすいページに仕上がります。人間はわざわざテキストを設置しなくても画像や動画を見るだけで内容を理解できるので、画像や動画だけを設置してそれ以外のテキストコンテンツが存在しないページをつくってしまいがちです。しかし、残念ながらGoogleは画像や動画の内容を理解するのが苦手です。例えばサービスの内容を解説した画像があったとしても、Googleにはそれが画像であることは理解できても、解説している内容までは理解できないのです。

　Googleはことあるごとに「コンテンツの品質を重視する」旨を公言していますが、Googleにとってコンテンツとは「ほぼテキスト」を指しているものだと考えてください。画像や動画をふんだんに使ってユーザーにわかりやすい、優れたコンテンツをつくっているはずなのに検索順位が上がらないと嘆いている方は、そのページに検索エンジンが理解できる十分な量のテキストが載っているか確認してみましょう。

Q テキストを追加設置する場合の例

　ここからは、すでに画像や動画しか載っていないページをつくってしまった場合の具体的な対策について解説します。

　フォトギャラリーのような画像をたくさん載せるページには、それぞれの画像にキャプションをつけてテキストを補足しましょう 図1 。マンガや動画

を使用している場合には、それらの下部に内容を書き起こしたテキストを追加するとよいでしょう。

閲覧環境の問題で画像が表示できないときや、視覚障害があって読み上げソフトを使っている方にとってもわかりやすくなるので一石二鳥です。

図1 テキストがないと内容を正しく把握できない

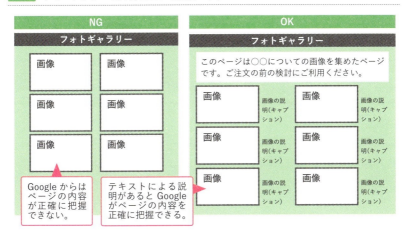

alt属性にテキストを詰め込むのはNG

HTMLには画像の説明をするために用意されたalt属性があります（→P182）。わざわざテキストに起こさなくてもalt属性に説明を書けばよいのではないかと考える方もいるでしょう。

しかし、これには注意が必要です。Googleはalt属性に長文が設定されていると、スパム行為としてSEO評価をマイナスすることがあるためです。過去にalt属性が悪質なSEOに利用されていたことがあるため、Googleはその名残で長文のalt属性を警戒しています。

alt属性に設定する文章はあくまでその画像を表す簡潔で端的なものにとどめ、長い説明が必要な場合は別途テキストとして、ユーザーの目に見える形で設置してください。

 まとめ デザインにこだわるほど「画像・動画だけ」のページができてしまいがち。SEOを意識するなら、なるべくテキストも設置しよう。

77 常時SSL化してセキュリティに配慮する

難易度 ★★★☆☆

執筆：岡崎良徳

🔍 常時SSL化はWebの標準になっていく

　SSL（Secure Sockets Layer）とはインターネットのセキュリティの仕組みの一つで、Webサイトの閲覧者が送受信するデータを第三者に盗聴や改ざんされるのを防ぐものです。SSL化されたページはURLの冒頭が「https://」になります。以前からショッピングサイトのカートや問い合わせフォームはSSL化されていることが多かったですが、入力フォームの有無に関わらずサイト全体をSSL化することを常時SSL化といい、Webの標準になりつつあります。

　普及の背景に挙げられるのがGoogleの対応です。Googleは検索順位を決める要素の一つとしてSSLを加えたことを明言しています。さらに多くのシェアを誇るChromeブラウザでSSL化されていないページを開くと、「保護されていない通信」という警告が表示されるようになりました 図1 。警告が表示されると、利用者に不安感を与える恐れがあります。もちろん、そもそも常時SSL化されている方がセキュリティ的に好ましいことは間違いないので、Googleの対応に後押しを受けて常時SSL化に踏み切るサイトが増えたのです。

図1 Chrome バージョン69での警告表示

SSL化されていると保護されていることを表す錠前のアイコンが表示されるが（画像上）、SSL化されていないと警告が表示される（画像下）

多くのレンタルサーバーで無料導入可能

　常時SSL化というと難しく感じるかもしれませんが、今では多くのレンタルサーバーが無料で常時SSL化ができる機能を提供しています 図2 。レンタルサーバーを利用している場合は、ご利用中のレンタルサーバーのヘルプなどを参照し、常時SSL化機能が提供されているのか、提供されている場合はその手順を確認してみてください。

　提供されていない場合は独自に「SSL/TLSサーバー証明書」を取得し、それを設置する必要があります。以前は有料のものが主流でしたが、現在は無料で取得できる「Let's Encrypt（レッツエンクリプト）」というサービスがあるので、特別な理由がなければこちらを利用するとよいでしょう。

図2　SSL化機能を無料提供しているレンタルサーバーの例

さくらのレンタルサーバ
https://www.sakura.ne.jp/function/freessl.html

常時SSL化時の注意点

　常時SSL化時に発生しがちなトラブルとその対処法について紹介します。

● **混在コンテンツ（mixed content）**
　ページ内にSSL化されていない画像やJavaScriptファイルなどがあると、ブラウザで警告が表示されてしまいます。よく見落としやすいのがSNSボタン内のソースです。ページ内で使用するファイルはすべて「https://」にしましょう。

- **http→httpsのリダイレクト忘れ**

　常時SSL化をしただけでは、「http」ではじまるページと「https」ではじまるページが混在した状態になります。httpからhttpsに301リダイレクトをかけて、SSL化されていないページが表示されないようにしましょう。

- **canonicalのURL修正漏れ**

　URL正規化のために使用するrel="canonical"（→P188）で指定するURLがhttpのまま変更されていないと、いつまでもSSL化されていないページのインデックスが残りやすくなり、SSL化によるSEOのプラス評価を受けにくくなってしまいます。

- **Search Consoleの登録忘れ**

　「http」と「https」のページはそれぞれ別サイトとしてSearch Console上では扱われます。常時SSL化対応の際に登録を忘れないようにしましょう。合わせて、sitemapの登録、http時にリンク否認ツールを利用していた場合は同一の否認対象リストをアップするようにしてください。

> **POINT** 手順を調べてもよくわからない、不安があるという場合は制作会社やエンジニアに相談してみよう。低料金で実施可能なケースが多い。

まとめ 現時点でSSL化によるSEO評価の向上は微々たるものだが、いずれ必須になるので未対応の場合はなるべく早めに対応しよう。

78 運営者の身元を示してサイトの信頼性を高める

難易度 ★☆☆☆☆

執筆：岡崎良徳

情報発信者の信頼性がより重要に

検索結果の上位に表示させるに値するコンテンツであるか否かの判断基準の一つとして、Googleは「E-A-T」という指標を挙げています。これは「Expertise（専門性があること）」「Authoritativeness（権威があること）」「TrustWorthiness（信頼できること）」の頭文字を取ったGoogleの造語です。これを高めるための要素としては、公的機関や大手メディアなどの権威あるサイトからリンクされるなどのさまざまな手段が考えられるのですが、なかなか普通の企業や個人に実践できる施策は多くありません。ここでは、手軽かつ費用をかけずに「E-A-T」を高める3つの手法について解説します。

サイト運営者として当然の情報を開示する

インターネットは公共の場です。まっとうなビジネスを目的としてサイトを運営するのであれば、身元をあきらかにするのは当然の義務といえるでしょう。運営者の身元を示す最低限の情報として、「運営者情報」「問い合わせ先（問い合わせフォーム）」「プライバシーポリシー」の3点は必ず明記してください。プライバシーポリシーはネット上に多くのひな形が公開されているので、それらを参考に自社にあった規定を策定しましょう。

Googleマイビジネスに登録する

Googleマイビジネスとは、Googleマップ上のスポットデータを事業者自身が管理できるようにするサービスで、無料で利用できます。Googleマップで自社を検索したときに、「ビジネスオーナーですか？」という表示があ

るのを見たことはないでしょうか。この表示がある場合、そのスポットはGoogleマイビジネスに登録がされていないということになり、このリンクから申請をすることによってGoogleマイビジネスへの登録が可能です 図1 。

　Googleマイビジネスへの登録には、ハガキ・電話・メールいずれかの認証が必要で、どの認証方法が利用可能かはGoogle側で決めています。この仕組みによりGoogleは「Googleマイビジネスへ登録している事業者は、架空の存在ではなく実態のある事業者だ」という確信が得られるのです。

　そして、Googleマイビジネスには公式サイトのURLの設定が可能なため、Googleマイビジネスへの登録によって有象無象の匿名運営者ではなく、実態のある事業者が運営しているサイトであることがGoogleにアピールできます。

　特にアフィリエイトを目的とした比較サイト・ランキングサイトなどは、運営者が「〇〇運営委員会」などのようになっていて身元が不明であることが多く、自社のサイトをGoogleマイビジネスへ登録することでこうしたサイトとの差別化が可能です。身元不明の"名無しの権兵衛"が運営しているサイトと、運営者が明らかなサイトと、どちらの方が「信頼できる」とGoogleが判断するかはあえて説明するまでもないでしょう。

図1 Googleマップで「ビジネスオーナーですか？」と表示される例

POINT　Googleマップ上にスポット情報が表示されない場合でも、Googleマイビジネス公式ページから登録申請が可能。
https://www.google.com/intl/ja_jp/business/

🔍 Whois情報を開示する

　Whoisとは、ドメインの所有者が誰なのか、また連絡先が誰なのかを示す情報です。Whoisは全世界に公開されており、誰でも（もちろんGoogleも）確認可能な情報です。多くのドメイン管理業者が「Whois情報公開代行」というサービスを提供しています。このサービスを利用すると、Whoisにドメイン所有者情報ではなく、ドメイン管理業者が代わりに用意した情報を載せることができるのです。

　本来、個人がドメイン取得をしたときなどに、自宅住所や連絡先を公開したくないといったニーズに応えるために存在するサービスですが、法人や事業者であっても特に理由なく利用されているサービスでもあります。

　Googleからしてみれば、Whoisの情報はドメインの所有者＝サイトの運営者を把握するための有力な情報です。Googleマイビジネスへの登録と同様に、Googleに対して身元をあきらかにする手段として使える要素の一つです。特別な事情がない限り、Whois情報は公開しましょう。各ドメイン管理会社でオプションとして用意されている機能なので、設定変更の手順については契約中のドメイン管理会社に確認してみてください。

　ただし、2018年5月25日から施行されたEUの個人情報保護規則・GDPR（EU一般データ保護規則）の影響で、一部のドメイン管理会社ではWhoisの情報が公開できない仕様になっていることがあります。Whois情報公開代行の利用をやめたのに連絡先等の情報が公開されない場合はこれが原因の可能性があるので、ドメイン管理会社に問い合わせてください。

> **POINT**　現在のWhois設定は下記URLのサービスなどで確認できる。
> https://tech-unlimited.com/whois.html

　まとめ　Googleマイビジネスの登録とWhois情報の公開は簡単にできる。忘れがちな施策ため、登録・設定できているか確認しておこう。

著作権侵害は違法行為！発生を防止する方法

難易度 ★☆☆☆☆

執筆：岡崎良徳

🔍 著作権侵害のリスクは大きい

著作権とは、写真やイラスト、テキストなど、なんらか創作の結果として生まれたものすべてに、自動的に発生する権利です。原則として創作した当人が著作権者となり、著作物をどのように扱うか決める権利を持っています。フリー素材サイトなどがありますが、そういったサイトは各素材の著作権者が一定の条件にもとづき使用料や使用ライセンスをフリーとして利用を認めたからこそ実現されているサービスです。著作権は創作した本人にあることに変わりありません。

ところが著作権について軽く考えている方は多く、Web上に載っているものはなんでもフリー素材だとばかりに、無断で転載したりWebサイト制作の素材にしてしまったりというケースが後を絶ちません。著作権侵害は著作権者から訴訟される民事上のリスクだけでなく、刑事上でも「10年以下の懲役もしくは1,000万円以下の罰金（著作権法119条1項）」といった処罰規定のある犯罪行為です。訴訟にいたらなくとも、他サイトからの盗用が多いサイトは重複コンテンツとしてGoogleからの評価も低くなりやすいでしょう。

🔍 著作権侵害の発生を防止する方法

サイト運営者本人だけがコンテンツを制作する体制であれば、本人だけ気をつければよい状態です。しかし、スタッフや外注に制作を依頼する場合は、著作権侵害を防ぐ仕組みが必要になります。以下に、具体的に著作権侵害を防ぐ方法を紹介します。

① **著作権侵害が犯罪であり、リスクの高い行為であることを関係者に周知する**
SEO上のリスクだけでなく、訴訟リスクや企業としての信用失墜にもつ

ながる順大なコンプライアンス違反であることを徹底して周知しましょう。

②「引用」の正しい方法を周知する

他社の著作物であってもルールにのっとっていれば正当な引用として認められます。正しい引用方法を周知することで、「引用のつもりが著作権侵害だった」というトラブルを防ぎます。

＜正当な引用の要件＞
・引用に必然性があること（引用部分がないとコンテンツが成り立たない）
・本文が主で、引用箇所がサブであること
・引用箇所がどこなのかはっきりしていること
・引用元がどこかはっきり示すこと

③ 画像やデータは出典URLを明記する

文章中でフリー素材画像を使ったり、他サイトの調査データなどを利用したりした場合は出典として元サイトのURLを併記します。こうすることで、本当に利用してよいものなのかチェックしやすくなります。

④ コピペチェックツールでテキストの盗用をチェック

「コピペチェックツール」といわれるサービスで、Web上に似た文章がないかをチェックすることが可能です。「コピペチェックツール 無料」などと検索するとさまざまなツールがヒットするので、使いやすいものを選んで利用してください 図1 。

図1 コピペチェックツールの例

CopyContentDetector
https://ccd.cloud/

まとめ

コンテンツマーケティングは多くのコンテンツが必要なため著作権侵害が起きやすい。発生を防ぐ仕組みを整えることが重要。

Googleマップでの集客対策

難易度 ★☆☆☆☆

執筆：岡崎良徳

🔍 来店型ビジネスでは欠かせないMEO

　Googleで「居酒屋」などと検索したときに、検索結果の上部に地図とお店の一覧が表示される枠を目にしたことのある方は多いでしょう。これはGoogleが検索したユーザーの位置情報をGPSなどから取得して、周辺の情報を表示している枠です 図1 。「きっと近隣の居酒屋を探しているのだろう」と検索意図をくんだ結果です。また、最近ではGoogleマップ上の情報が充実してきていることもあり、Googleマップ内で直接検索をするユーザーも増えているものと推測されます。

　このGoogleマップの枠の中での上位表示や表示回数増加を目指す施策のことを「MEO（Map Engine Optimization）」と呼びます。飲食店や美容室、小売店などの来店型ビジネスでは取り組んで損はない施策です。近隣にいる検索ユーザーの目につく可能性が高いため、表示回数の増加は来店客数の増加に結びつきやすいといえます。

図1 Google検索でのMap表示枠

コストをかけずに実施できるMEO施策

MEOの施策には、Chapter3-78で紹介したGoogleマイビジネス（→P207）への登録が必須です。基本的に、Googleマイビジネスへ掲載する情報を充実させれば、コストをかけずに最低限のMEO施策が実施できます。

具体的に設定すべき箇所や、設定にあたってのポイントは以下の通りです **図2**。入力内容にはGoogleの審査が入るので、必ずしも思い通りに設定できるものではありません。業種によって設定項目に違いがあり、ここで紹介する内容そのままが設定できない場合もあるので、その際はなるべく詳しい情報を入力し、コンテンツを充実させることを意識してください。

①店舗名
店舗名にはなるべくキーワードを含めましょう。焼き鳥がウリである居酒屋の「タロウ」であれば、「焼き鳥屋・居酒屋タロウ」などとします。【】や★、♪などの記号は不正に目立たせようとするものとして審査落ちしやすいので注意してください。

②営業時間
営業時間中のお店が表示されやすい傾向があるので、正確な営業時間を入力しましょう。

③サービス
提供しているサービスや商品を一つずつ登録できます。居酒屋の例であれば、主力メニューの情報を設定するとよいでしょう。

④ビジネス情報
店舗の概要を入力できる欄です。自然な日本語を心がけつつ、なるべく検索でヒットさせたいキーワードを盛り込んだ文章にしましょう。

⑤写真
写真が多いほど表示回数が増える傾向にあります。店舗の外観、内装、商品など、なるべく多くの写真をアップしましょう。

図2 Googleマイビジネスで設定したい情報

POINT 「クチコミ」もMEOの重要な要素。店内POPでGoogleマップへのクチコミ投稿を促すなど、クチコミを増やす工夫もできると、なおよいだろう。

まとめ MEO対策はコストも手間もほとんどかからない。実施して損はないので、ぜひ取り組んでみよう。

Chapter

5

リスティング広告を使った誘導・集客

81 どの広告を使うべきかの判断ポイント

執筆：敷田憲司

Web広告を利用する

　Web広告といえば、Webサイトに表示されるバナー広告や、検索結果に表示されるリスティング広告（検索連動型広告）をイメージするのではないでしょうか？　Web広告にはバナー広告やリスティング広告以外の配信方法があるのはもちろん、広告を掲載するメディアにもさまざまなものがあります 図1 。

　コンテンツ（記事）そのものが広告である記事広告、電子メールにて配信するメール広告、アフィリエイトサービス（広告）やディスプレイ広告、リターゲット（リマーケティング）広告など、方法もメディアも多岐にわたります。

どのようなユーザーに周知し、集めるか

　もし広告に、「お金をかけて広告を出せばお客さんは勝手に集まって来る」というイメージを持っているのなら、そのイメージは捨ててください。

　広告運用では、広告手法を絞り、かつ広告費を極力抑えた運用を行うことが肝要だからです。また、広告手法が違ったとしても、すべての広告には共通の課題があります。それは、「どのようなユーザーに周知し、集めるか」を考えることです（ユーザー想定のことを「ペルソナ」ともいいます）。これこそが広告を選ぶ一番大切な判断ポイントです。

図1 どのようなユーザーに周知し、集めるか

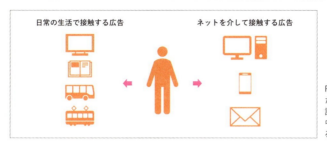

PCやスマートフォンだけでなく、TVや雑誌、バスや電車内の中吊り広告で周知するのも一つの方法

> **POINT**
> 「Webサイトの目的を果たすために適した広告手法はどれか」という視点で考えるからこそ、適切な広告手法を検討するのはもちろん、効率的な広告運用にもつながる。

ユーザーを想定する以外の判断ポイント

　バナー広告や記事広告は意図がハッキリしない潜在顧客に周知しやすい広告であり、リスティング広告やアフィリエイト広告は意図がハッキリしている顕在顧客に周知しやすい広告だといえます。

　もし「どのようなユーザーに周知し、集めるか」をうまく想定できないなら、「自身の広告はどちらの傾向が強いユーザーに周知したいか」と考えましょう。また、どちらの傾向も強いユーザーを幅広く集めることを想定したとしても、予算の都合で実現は難しいということもあるでしょう。

　そういったときは、広告手法の中でも低予算から始められるリスティング広告をおすすめします。リスティング広告は、キーワード単価を自由に設定でき、他の広告と比べると予算をコントロールしやすい広告です。また、リスティング広告はSEOと同様に「ユーザーの検索意図」が最大のポイントとなるので、コンテンツマーケティングにおいて大切な検索意図を探る思考能力を養うこともできるでしょう。

> **まとめ** どのようなユーザーに周知したいかを意識して広告を選ぼう。迷ったときは低予算で始められるリスティング広告がおすすめ。

リスティング広告の設定項目と改善ポイント

82

難易度 ★★☆☆☆

執筆：納見健悟（株式会社フリーランチ）

🔍 リスティング広告の基本設定項目を理解する

　リスティング広告（検索連動型広告）は、ユーザーの検索キーワードに応じた広告文を、検索結果の画面に表示し、広告文をクリックしてもらうことでWebサイトに誘導するサービスです。

　代表的なサービスとして、Googleが提供する「Google広告」と、Yahoo!が提供する「Yahoo!スポンサードサーチ」が挙げられます。この記事では、Google広告をベースに説明していきます。

　リスティング広告を効果的に出稿するためにも、リスティング広告出稿時に設定する4つの項目について理解を深めておきましょう。

　図1 のように、「キーワード」「広告文」「ランディングページ」「コンバージョン」の基本設定項目について、ユーザーの行動プロセスと結びつけて理解しておくとよいでしょう。

図1　ユーザーの行動と設定項目との関係を理解しよう

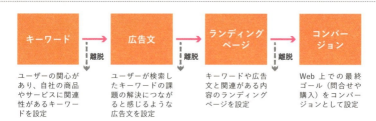

リスティング広告出稿時に必要な設定項目を、ユーザーの行動プロセスに沿って並べている。最終目的であるコンバージョンにつなげるために、キーワード、広告文、ランディングページ、コンバージョンの各項目の役割を意識し、適切に設定することが大切

改善ポイントは、あらかじめ理解しておこう

リスティング広告の運用にあたっては、設定した基本項目に対する計測指標や改善ポイントを理解しておきましょう。

リスティング広告は、一度出稿がはじまると、毎日広告費の残高が減っていきます。結果を見てから判断しようと考えていると、あっという間に広告費がなくなってしまいます。また、すぐに計測結果が出るので、図2 のような確認すべき指標や改善ポイントを事前に把握して運用に臨みましょう。

図2 設定項目別の計測・改善イメージ

設定項目	確認すべき指標・内容	改善ポイント
キーワード	・表示回数 ・クリック率 ・コンバージョン率	・競合会社より入札単価を上げる ・競合会社が出稿していないキーワードを探す ・ユーザーのニーズに直結するキーワードを探す
広告文	・クリック率 ・品質スコア	・キーワードに関連した広告文に変更する ・広告グループごとに広告文を出し分ける
ランディングページ	・品質スコア ・LP の滞在時間 ※1 ・LP のスクロール量 ※2	・検索したキーワードに対する課題を解決できる会社であることを伝え、相談したい、購入したいと感じさせる内容にする ・広告グループ単位で、LP の内容を最適化する
コンバージョン（購入・問合せ）	・問い合わせ率＝問合せ数／問い合わせページの PV 数 ・問い合わせフォームの入力内容 ※3 ・問い合わせ対応時のサービス理解度 ※3	・問い合わせフォームの最適化 ・よくあるご質問やお問い合わせまでの流れなどを記載し、問合せのハードルを下げる ・問い合わせ者の理解度を営業やカスタマーサービスからヒアリングし、Web サイトに反映する

※1 Googleアナリティクス等で計測
※2 ヒートマップツール等で計測
※3 実際の問合せ内容を確認

まとめ

キーワード・広告文・LP・コンバージョン。リスティング広告の基本設定項目と計測・改善ポイントを理解してから始めよう。

83 リターゲティング広告（リマーケティング広告）

難易度 ★★★☆☆

執筆：敷田憲司

Q リターゲティング広告とは

　Web広告独自の広告手法に、「リターゲティング広告」というものがあります。リターゲティング広告とは、行動ターゲティング広告（追跡型広告）の一つであり、ユーザーの行動履歴をもとにして「見込み客」にネット広告を配信する方法です 図1 。

　例えば、自社のWebサイトにアクセスしながら離脱したユーザーに対して、ほかのWebサイトで自社の広告を表示させることで、再び自社のWebサイトへの訪問を促す方法はリターゲティング広告といえます。

　また、「リマーケティング広告」とはGoogleが提供するリターゲティング広告サービスの名称であり、広く使われていることからリターゲティング広告といえばリマーケティング広告として語られることが多いです（もちろんリターゲティング広告には、リマーケティング広告以外のサービスも存在します）。

Q 主な2つの料金形態

　リターゲティング広告の料金形態は主に2つに分けられます。1つはCPM（Cost Per Mille）、もう1つはCPC（Cost Per Click）です。

　CPMは、「インプレッション単価」とも呼ばれ、広告の表示に対して広告費が発生する形態です。広告表示1,000回あたりの料金をCPMと呼んでいます。広告表示に対して広告費が発生するため、情報を「周知」することを主な目的（またはKPI）として運用するとよいでしょう。

　CPCは「クリック単価」とも呼ばれ、クリック（タップ）などによって広告主のWebサイトに再訪問することで費用が発生する形態です。広告をクリックするごとに広告費が発生するため、Webサイトへ「集客」することを主な

目的（またはKPI）として運用するとよいでしょう。

図1 リターゲティング広告

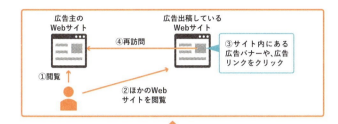

③にて、広告表示に対して広告費が発生するのがCPM。
④にて、ユーザーのクリック（タップ）によって、広告主のWebサイトへ再訪問することで広告費が発生するのがCPC。

> **POINT** 費用対効果ばかりを追うとCPCを選びがちだが、例えば期間限定のキャンペーンを推したい場合はCPMを使うなど、ケースバイケースで使い分けよう。

配信方法や配信先を選別する

　一見、リターゲティング広告はとても効率のよい、メリットが多い広告に思えるかもしれませんが、デメリットもあります。例えばあなたがWebサイトを閲覧していて、どのWebサイトを見てもいつも同じ広告が表示され、いつまでたっても同じ広告しか表示されないとどう思うでしょうか？「しつこい」「ずっとついてくる」など、ネガティブな感情を持つこともあるのではないでしょうか。

　これでは広告としての効果が薄れてしまうどころか逆に悪いイメージを与えてしまうことにもなってしまうので、広告の配信方法、配信先を調整することも大切です。配信デバイスを分ける、配信期間を調整する、配信先を選別する（広告を表示しないWebサイトを登録する）など、調整を行うことで広告の効果をさらに高めていきましょう。

> **まとめ** リターゲティング広告はユーザーの行動をもとに見込み客に広告を表示する広告手法。適切に調整して広告の効果を高めよう。

84 ディスプレイ広告の メリットとデメリット

執筆：敷田憲司

ディスプレイ広告とは

　ディスプレイ広告とは、Webサイトやアプリ上の広告枠に掲載される画像や動画、テキスト広告のことをいいます（特に画像の広告を「バナー広告」とも呼びます）図1。

　以前は配信対象のWebサイトやアプリを利用しているすべてのユーザー（閲覧した人）に表示されていましたが、最近ではユーザーの過去の閲覧履歴や地域、年齢などで出し分け、アプローチしたいユーザーのみに表示できるように設定が可能なサービス（Yahoo!ディスプレイネットワーク（YDN）や、Googleディスプレイネットワーク（GDN））も提供されています。

　また、ディスプレイ広告は画像や動画で視覚的なアピールができるため、潜在顧客に興味を持ってもらいやすいというメリットがあります。

図1　ディスプレイ広告（囲み枠部分）

🔍 顕在顧客にもアピールするには

ディスプレイ広告のデメリットは、アプローチしたい属性のユーザーに広告を表示できたとしても、必ずユーザーの意図と合致するとは限らないことです。

検索キーワードと連動することでユーザーの意図に限りなく近い広告が出せるリスティング広告と違い、ディスプレイ広告はユーザーの属性に合わせて表示する広告のため、意図とは一致しにくいのです。

かといって、顕在顧客にはまったくアピールできない広告だと決めつけてしまうのは早計です。では、顕在顧客にアピールするにはどのようにすればよいでしょうか？ 実は、ディスプレイ広告はリターゲティング広告として使うと、顕在顧客にもうまくアピールができる広告でもあるのです（詳細は前節参照）。

🔍 まずは顕在顧客を狙い、次に潜在顧客

ディスプレイ広告を始めるなら、まずはリターゲティング広告で自身が狙った通りのユーザーを集めることから始めてみましょう。

最初から無作為にたくさんのユーザーを集めることを目的にしてしまうと、「数を打てば当たる」という思考に陥りやすく、精度も成約数も上がらないままに広告費ばかり消費されてしまいます。

これを野球に例えるならば、何も考えずにバットを振ってもヒットを打つどころかボールがバットにすら当たりません。どのコース（内角、外角）で、かつどのような球種（ストレート、カーブ……など）を狙うかを考えてバットを振るからこそ、ボールはバットに当たり、ヒットも打てるのです（これは広告に限らず、マーケティング全般にいえることでもありますね）。

自分の狙ったものに当てる（ターゲットに訴求できる）ことができるようになり、再現性のある施策を打てるようになった上で幅を広げていけば（潜在顧客を狙っていけば）、広告の費用対効果も上がるでしょう。

 リスティング広告とリターゲティング広告の機能が備わっている「Yahoo!プロモーション広告」や「Google広告」から始めてみよう。

85 アフィリエイト広告で留意したいポイント

難易度 ★★★☆☆

執筆：敷田憲司

🔍 アフィリエイトサービスとは

　読者の中には、広告を出稿する広告主側ではなく、管理するWebサイトに広告を掲載して広告掲載費として収入を得ている方もいらっしゃるのではないでしょうか。

　アフィリエイトサービス（アフィリエイト広告）とは、広告を掲載することで広告の表示数や、その広告を介して商品の購入、サービスへの申し込みにいたった成約数に応じてWebサイトやアプリの管理者に広告費を支払う広告です 図1 。広告主側が広告表示費や（広告表示は成果としないアフィリエイトサービスが多数です）、成約単価を決めることができ、成約数に応じて広告費を支払うため費用対効果が高い広告だといえます。

　アフィリエイトサービスは一般的にはASP（アフィリエイトサービスプロバイダ）と契約することで、広告を掲載するWebサイト、アプリ運営者を募集し、提携承認を行います。広告の予算規模、費用は一般的にはASPへの登録に数十万を要し、日々の運営費はASPとの相談、契約によって決められます。

図1 アフィリエイト広告

・提携や成果の承認は ASP を介して行われ、広告費の支払いも ASP を介して行われる（ASP を介さず、すべて自社で行う場合もある）。
・広告（バナー広告、テキスト広告）は広告主や ASP が用意し、ASP サイトに登録される。アフィリエイターは ASP サイトで成果の確認を行う。

🔍 コンテンツ内容とマッチするかを確認する

Chapter4-81（→P216）でも触れましたが、アフィリエイト広告は意図がハッキリしている顕在顧客に周知しやすい広告だといえます。

また、意図がハッキリしているからこそ原因もハッキリしていて、アフィリエイトサービスでアクセスが集まらない、成約がなかなか出ない原因は以下のようなことが考えられます。

（1）Webサイトやアプリのコンテンツと広告がミスマッチしている。
（2）広告が表示されている場所が悪くて、目立たない。

この問題を解決するには、むやみやたらに提携承認を行って露出を増やすのではなく、広告内容と合ったコンテンツを提供するWebサイト、アプリと提携することに限ります。また、提携先にこちらから要望を伝えてみる方法も有効です。

> **POINT**
> アフィリエイトサービスに限らず、顕在顧客に周知しやすい広告はWebサイトやアプリのコンテンツと広告の内容の関連性が最重要といっても過言ではない。

🔍 提携先を定期的にチェックする

アフィリエイトサービスも広告なので、できる限りはアクセスを集める、成約数も取れるWebサイトやアプリと提携したいものです。しかしながらコンテンツ内容よりも、成果数ばかりを優先して提携先を決めてしまうと、逆にリスクやトラブルを抱えてしまうことになるかもしれません。

例えば、提携先のコンテンツにて誇張しすぎた表現や間違った情報が掲載されている状態で、商品の購入やサービスの申し込みにいたってしまうケースです。ユーザーとの認識の違い、齟齬が生じるリスクが高まり、場合によっては事後のクレーム対応の負担ばかりが増えてしまうことにもなりかねません。

承認後にコンテンツ内容を変えてしまう管理者も存在するため、承認後も定期的にコンテンツチェックを行うようにしましょう。

> **まとめ**
> アフィリエイトサービスは広告主の信用を左右する。自身で運用する「オウンドメディア」と同様の意識で提携先をチェックしよう。

86 Webとリアルの活動をつなげよう

難易度 ★★★★★

執筆：納見健悟（株式会社フリーランチ）

Q Web以外のリアルな活動に目を向けよう

　SEOやリスティング広告は、外部流入を獲得する手段として有効です。どちらの施策もプロセスが可視化され、費用対効果もつかめますし、計画的に成果をあげられる点で優れています。

　一般的なマーケティング活動としては、Web以外にもセミナー、展示会、メディア掲載など、一定の反響が見込める施策が動いていることがあります。会社やビジネスのWeb以外のリアルな活動にも目を向けて、Webとの連動ができないかを検討してみましょう。

Q リスティング広告でリアルとWebをつなぐ

　リアルのマーケティング活動をWebと連携させる方法を考えてみましょう。図1 は、リスティング広告を活用して、セミナーやイベントなどと連携する方法を示しています。

　メディア掲載などの反響を、検索連動型広告やリマーケティング広告で刈り取りすることもできますし、セミナーや展示会などの集客をリスティング広告でサポートする形もありえます。

　また、上場企業ではIR情報を起点とした反響も生まれます。自社サービスが株主のニーズとマッチする企業なら、定期的に反響が生まれるイベントとして活用できます。反面、BtoBのように株主と顧客が異なるケースでは、あえてリスティングの出稿を控えることも考えられます。

　リスティング以外でも、自社メディアと掲載メディアとの連携や、セミナーの来訪者にメール配信をすることなども考えられます。Webとリアルを相互につなげる方法を考えて、相乗効果を狙っていきましょう。

図1 外部の動きと連動して、広告を運用しよう

チャネル	特性	リスティング広告の活用イメージ
展示会	テーマに関心のあるユーザーが会場に集まる。会場に自社に興味のない顧客も集まるが、自社のブースに誘導する施策は必要となる	検索連動型広告で、展示会参加を検討しているユーザーに向けに、自社の出展情報や資料配付などの情報を提供しているページへと誘導する
セミナー	サービスや商品の導入を検討しているユーザー向けに情報提供が必要となる	検索連動型広告で、セミナーテーマに関連するキーワードから、セミナー申込みページへと誘導し、集客につなげる
一般メディア	新聞・雑誌・テレビなどの主要メディア。反響は大きいが、属性がバラバラなのでサービスの関連度は低いこともある	一時的に増えた社名検索やサービス関連ワードを刈り取り、入門的なページへと誘導する
専門メディア	業界新聞や雑誌などの専門メディア。一般紙に比べて反響ユーザーは少ないが、ターゲットが明確なので情報発信や反響の刈り取りがしやすい	一時的に増えた社名検索やサービス関連キーワードを専門性の高いページへと誘導し、リマーケティング広告で再訪もうながす
書籍	自社ビジネスに関連した書籍の発刊。出版社からの発信や書籍販促イベントなどをきっかけに反響を増やすことができる	書名で検索したユーザーを検索連動型広告で刈り取り。専用のLPを作成するなどして、自社サイトへ誘導
プレスリリース配信サービス	新サービスや商品などのプレスリリースを作成し、配信サービスに掲載することができる	プレスリリースで発信した固有名詞を検索連動型広告で刈り取りする
IR・決算公告	決算発表前後は、株主の関心も高まり、IR目的でアクセスが高まる。BtoCのように株主が見込客になる商品がある場合、反響を活用するチャンス	株主との親和性が高いサービスなら、検索連動型広告や社名検索等で刈り取り。そうでなければ、一時的に運用金額を下げる

まとめ セミナーや展示会などのリアルなイベントと、Webとをつなげる施策を考えよう。

効果を「見える化」し、改善につなげる

執筆：納見健悟（株式会社フリーランチ）

どのような指標を計測すべきか？

リスティング広告で成果を上げるためには、広告出稿後の継続的な改善が欠かせません。なお、リスティング広告の管理画面ではさまざまな指標を確認することができますが、すべての指標を参考にする必要はありません。Google広告の場合、初期段階では基本的な改善が主体になりますので、下記のような確認方針で改善を進めましょう。

- キャンペーンや広告グループ単位で、全体像や改善事項を確認する
- キーワード単位で、優先順位の高いものから改善する

続いて、それぞれの確認・改善方法を紹介していきます。

グループ単位で方向性やトレンドを確認する

まずは、キャンペーンや広告グループ単位でリスティング広告の運用状況をつかみましょう。同一キャンペーン内に複数の広告グループを運用している場合は、広告グループ単位で確認するとよいでしょう。

複数のグループを比較することで、優先的に改善すべきポイントも見えてきます。広告グループの改善方法は、図1 にまとめています。参考にしながら改善を進めていきましょう。

図1 広告グループの主な計測指標と改善方法

計測指標	概要	改善の方向性
表示回数	計測期間中に検索結果に表示された回数	低 クリック数低の場合、グループの見直し 低 入札単価の見直し 高 クリック率低の場合、広告文の見直し
クリック数	検索結果に表示された広告文がクリックされた回数	高 クリックにいたらないキーワードの停止 低 グループ全体の広告出稿を停止
クリック率	検索結果に表示された広告文がクリックされた割合	高 コンバージョン数高なら、予算追加 低 広告文の見直し
費用	計測期間中に広告グループの出稿に要した費用の総額	高 費用負担が大きいので優先的に改善
コンバージョン率	広告をクリックしたユーザーがコンバージョンにいたった数	高 コンバージョンにいたらないキーワードの停止 低 広告グループの停止・見直し

🔍 キーワードは、優先順位を決めて改善しよう

　すべてのキーワードを同じ精度で管理・改善していくのは非常に手間がかかります。そこで、計測画面にあるソート機能を活用し、改善効果が見込めるキーワードから優先的に改善していきましょう。

　下記の指標を参考に、効果が出やすいものから対策するとよいでしょう。

- ● クリック数上位…費用が発生しているキーワードから優先的に改善できる
- ● クリック率上位…反響が高いキーワードから優先的に改善できる
- ● 品質スコア上位…評価の高いキーワードから優先的に改善できる
- ● 表示回数上位……検索ニーズが高いキーワードから優先的に改善できる

　キーワードの改善方法は、**図2** にまとめています。参考にしながら改善を進めていきましょう。

> **POINT** キーワードは、影響度の大きいものから優先的に改善を進めることが大切。限られた時間を有効に活用し、効率よく成果につなげよう。

Chapter 5

リスティング広告を使った誘導・集客

図2 出稿キーワードの主な計測指標と改善方法

計測指標	概要	改善の方向性
表示回数	計測期間中に検索結果に表示された回数	低 入札単価見直し 低 クリック率も低ければ、停止を検討
クリック率	検索結果に表示された広告文がクリックされた割合	低 表示回数が高なら、広告文の見直し 高 コンバージョン率高なら、予算追加
平均費用	平均クリック単価	低 コンバージョン率高なら、入札単価引き上げ 低 コンバージョン率も低ければ、停止を検討
費用	計測期間中にキーワード出稿に要した費用の総額	高 コンバージョン数が低ければ、停止を検討 低 コンバージョン率が高ければ、予算追加
コンバージョン率	広告をクリックしたユーザーが、コンバージョンにいたる割合	高 キャンペーンを分けて、優先的に予算割当て 低 停止を検討 低 ランディングページの改善
品質スコア	広告やキーワード、ランディングページの品質（ユーザーのニーズにマッチしているか）を表す指標	高 キャンペーンを分けて、優先的に予算割当て 低 広告文の見直し 低 キーワードの停止
ランディングページ（LP）の利便性	ユーザーがクリックしたキーワードとランディングページに関連性があるか、信頼性を得られるかの指標	高 キャンペーンを分けて、優先的に予算割当て 低 LPを検索意図に合ったものに変更

まとめ

広告グループ単位で全体感をつかみ、キーワード単位の改善はソート機能を活用して、優先順位をつけて効率的に改善しよう。

88 リスティング広告の運用・予算をどう考えるか

執筆：納見健悟（株式会社フリーランチ）

🔍 予算に応じて適切な運用方針を選択しよう

　コンテンツの作成と併用してリスティング広告を運用する場合、相互に補完しながら成果につなげることができます。**図1**にリスティング広告の予算規模に応じた運用イメージを整理しています。適切な運用金額や運用方法を、状況に応じて選択しましょう。

図1 リスティング広告の予算規模と運用イメージ

フェーズ	月額運用金額	運用イメージ
初期段階	5〜10万円	・SEOの補完的な運用 ・リスティング広告の基本的な運用を体得する
成長段階	10〜50万円	・品質スコアやコンバージョン率の改善 ・広告グループ単位で、LPの整備・最適化
成熟段階	50万円〜	・プロに広告運用を依頼 ・広告費用対効果の最適化・最大化

🔍 初期段階：リスティングはSEOの補完

　初期段階は、月額運用金額5〜10万円を想定しています。Google広告やYahoo!プロモーション広告のアカウントを開設し、自分で書籍やWebサイトを参考にしながら、少額の出稿からスタートするイメージです。

　リスティング広告は、コンバージョンにつながる改善ノウハウが見えるまでは、小さくトライアンドエラーを繰り返していく必要があります。

　初期段階では、単価が高く、検索ボリュームの多いキーワードは避けましょう。競合が出稿していない、単価の安い、複合キーワードなどに出稿するなど、あくまで補完的運用に徹しましょう。検索経由でコンテンツに訪れたユーザーに再訪をうながす、リマーケティング広告も有効な手段といえます。

　金額的にもユーザーのニーズを網羅することはできませんので、あくまでSEOの補完として、仮説を立てながら運用していきましょう。リスティング広告を通じて売上につながるコンバージョンが出はじめたら、次の段階へと移行しましょう。

初期段階のポイント
- 自分でアカウントを運用してみて、数字の変化を体得する
- 検索流入ユーザーに再訪をうながす、リマーケティング広告の活用
- まずは、単価の安いキーワードに出稿する

> **POINT**　初期段階のリスティング広告では、小さくトライアンドエラーを繰り返すことが大切。コンテンツマーケティングとの連動を考えながら、コンバージョン獲得を目指そう。

🔍 成長段階：SEOでできないことにお金を払う

　成長段階は、月額運用金額10〜50万円を想定しています。すでに売上につながるコンバージョンが発生している状況で、予算的にもまとまったキーワード数に出稿できる状況です。

　成長段階では、キーワードや広告文の精査を行い、品質スコアやコンバージョン率を高めていくことが基本的な方針となります。品質スコアの改善には、検索ニーズにマッチしたランディングページも必要となります。

　検索ニーズごとに広告グループを設定し、広告グループごとにランディングページをアレンジしていきましょう。品質スコアを高めていけば、SEOでは検索上位を取れないキーワードからも、リスティング広告でコンバージョンにつなげることができます。

　次の段階でプロに依頼するためにも、この段階で基本的なトライアンドエラーは済ませておきましょう。優れた運用代行会社なら、これまでの広告運用データを手がかりに、成果につなげる改善方法にすぐにたどり着くことができるはずです。

成長段階のポイント
- 広告グループ単位でのランディングページの運用・最適化
- キーワード・広告文・LPを改善し、品質スコアの向上

POINT 　成長段階では、広告文やランディングページをカスタマイズしながら、リスティング広告の精度を高めよう。コンバージョン率を高めながら、少しずつ出稿範囲を増やしていこう。

233

🔍 成熟段階：リスティング広告単体で収益化

　成熟段階は、月額運用金額が50万円以上を想定しています。この段階では、投資した広告費を回収し、リスティング広告単体で自社のビジネスに継続的な利益をもたらしている状態がゴールになります。プロであるリスティング広告運用代行会社に依頼するタイミングでもあります。

　成果が出せるリスティング運用代行会社に依頼するには、運用金額50万円以上が1つの目安になります。これは、運用代行会社への報酬が、広告運用額の約20％が相場となっているためです。もちろん、これより定額で受けてくれる会社もありますが、運用代行会社へのフィーが少なければ、担当者の知識レベルが低かったり、契約後にアカウント管理・改善をきちんとしてくれなかったりということも起こりえます。

　Webサイトを運用していると、リスティング会社からの営業電話も多数やってきます。しかし、こうした会社のなかには、いまだに広告アカウント情報を共有しないなど、不透明な運用をする会社もあります。

　リスティングの知識がないまま丸投げするのはリスクをともないます。必ず自社運用でノウハウを蓄積した上で、きちんとしたプロを見極めて、運用を任せましょう。

成長段階のポイント
- リスティング広告の運用は、プロに任せる
- 投資した広告費を回収し、ビジネスに継続的に利益をもたらす状況がゴール

 まとめ リスティング広告は段階的に運用金額を引き上げ、着実に成果につなげていこう。

用語索引

アルファベット

alternate	188
alt属性	182, 203
AMP	198
ASP	224
BtoB	54, 92
BtoC	92
canonical	176, 188, 206
CPC	220
CPM	220
CVR	21
description	81, 166, 186
E-A-T	207
Facebook	15, 194
FAQ	43
Fetch as Google	31
Google Analytics	22, 25
Google広告	165
Googleボット	170
Googleマイビジネス	207, 213
Googleマップ	212
HTML	170
Instagram	13
KGI	19
KKD	17
KPI	20
MEO	212
meta要素	81

nofollow	175
noindex	175
OGP	194
PDCA	18
PV	19
Q&Aサイト	129
Search Console	29, 32, 206
SEO	10, 164
SNS	13, 94, 110, 194
Speed Update	198
SSL	204
title 要素	81
Twitter	15, 194
Twitterカード	197
UGC	44
URL	180
Web広告	216
Whois	209
WordPress	29, 109

五十音

アーンドメディア	46
アクセシビリティ	103
アグリゲーションサービス	41
アフィリエイト広告	217, 224
アンカーテキスト	200
イベントトラッキング	27
インデックス	29, 44, 174
引用	184

エントリー数	19	コンバージョン	97, 102
オウンドメディア	46, 48, 94	サーチエンジン	31
オーダーメード型	57	サイト設計	168
音声データ	77	サイトマップ	29
階層構造	178	サブディレクトリ	51
外注	114	シェア	110, 194
外部流入	58	自然検索結果	10
型	87	自然リンク	14
紙媒体	127	執筆オーダーシート	86
キーワード	83, 137, 164	重複コンテンツ	184, 188
キーワードプランナー	126, 136, 165	セッション数	19
企画	96	接続詞	148
行間	107	説明コスト	55
共起語	83	潜在顧客	223
クラウドソーシング	114	専門家	73
クリック率	32	相互リンク	39
グローバルナビゲーション	168, 178	ターゲット	11, 122, 165
クローラー	29, 200	滞在時間	82
検索エンジン	12	タイトル	111, 118, 135
検索表示回数	32	タグ	166
校閲	119, 154	チャネル	23
構成	130, 150	著作権	210
コーディング	166	直帰率	82
コーポレートサイト	51, 79	ディスプレイ広告	222
小ネタ系記事	145	デザイン	106
小見出し	137, 144	問い合わせ	89
コンセプト	96	ドメイン	43, 51, 209
コンテンツマーケティング	12, 164	トリプルメディア	47

内部リンク	105, 200	マイクロコンバージョン	66
ニーズ	71, 74, 164	マルチポスト	39
バックエンド	62, 65	マンガ	142
バナー	36	見える化	56
バナー広告	216	見込み客	62, 220
パンくずリスト	178, 193	目標	27
ヒアリング	59, 72, 77	文字起こし	77
ヒートマップ	36	ユーザビリティ	178, 183
表記	125	ライター	114
被リンク	14	ライフタイムバリュー	64
フィードバック	117	ランディングページ	22, 218
フォント	106	リード文	36
ブックマーク	180	リスティング広告	218, 226, 228, 231
プライバシーポリシー	207	リソース	76
ブラッシュアップ	147, 152	リターゲティング広告	220
ブランディング	12, 20, 96	リダイレクト	43, 180, 190, 206
ブログ風メディア	48	離脱	133, 148
フロントエンド	62, 65	リライト	33, 79, 81
文体	125	リンク売買	38
文末	148	レギュレーション	125
平均掲載順位	32	レスポンシブデザイン	188
ヘイドメディア	46	レンタルリーバー	205
ページビュー	72	ワンソースマルチユース	76
ページ分割	191		
ペナルティ	174		
ベネフィット	140		
ペルソナ	68, 124		
マーケティングマップ	59		

執筆者プロフィール

敷田憲司 しきだ・けんじ

フリーランス（屋号「サーチサポーター」）。Webマーケティング専門のコンサルタントとして活動中。大手保険会社、建設会社や電器メーカーのWebサイトのSEO、SEM、アクセス解析からコンテンツの企画・作成など全般の業務を手掛け、Webメディアや書籍での執筆も多数。共著に『できるところからスタートする コンバージョンアップの手法99』（MdN）、著書に『文章力を鍛えるWebライティングのネタ出しノート』（翔泳社）がある。

`URL` https://s-supporter.jp/
`URL` https://s-supporter.hatenablog.jp/

岡崎良徳 おかざき・よしのり

技術とコンテンツの両面からSEO施策の実施をサポートするSEOコンサルタント。一方的に施策を提案するのではなく、考え方やノウハウも共有し、クライアントが自走できる状態になることをモットーとする。家電EC→求人広告営業→地域情報メディア運営→現職と、転職エージェントには喜ばれない幅広いキャリアを活かし、さまざまな業種・業態のクライアントの施策を立案・実施している。好きなものはお酒とアクアリウム。

`Facebook` https://www.facebook.com/yoshinori.okazaki.71
`Twitter` https://twitter.com/okachan_man

岸 智志　きし・さとし

株式会社スタジオライティングハイ 代表取締役／ライター。漫画原作から書籍執筆、取材記事、セールスライティングまで「執筆」を専門に活動している。紙媒体かWeb媒体かを問わず、ターゲットや目的に合わせて情報を文章に落とし込むのが得意。今後はライター講座の開催を予定している。この本を執筆中に、第1子となる長女が生まれたばかり。

| URL | https://swh-writer.com/ |

納見健悟　のうみ・けんご

株式会社フリーランチ 代表取締役。建物の設計・コンサルを経て、専門誌「日経アーキテクチュア」等で取材・執筆。建設系コンサルティング会社の山下PMCで広報部門を立ち上げ、インハウス担当者としてWeb、書籍、PRなどマーケ全般を担当。現在は、BtoB企業を中心に、複数の企業のマーケティング・集客を顧問契約でサポート。「"売れる"は設計できる」をコンセプトに、経営者やマーケ担当者と一体となり、ロジカルで実践的なマーケティングを推進。

| URL | https://freelanch.co.jp |
| Twitter | https://twitter.com/archikata |

[制作スタッフ]

装丁・本文デザイン	waonica
DTP	早乙女 恩（株式会社リブロワークス）
編集	石﨑美童（株式会社リブロワークス）
編集長	後藤憲司
担当編集	熊谷千春

できるところからスタートする
コンテンツマーケティングの手法88

2018年11月21日　初版第1刷発行

著者	敷田憲司　岡崎良徳　岸 智志　納見健悟
発行人	山口康夫
発行	株式会社エムディエヌコーポレーション 〒101-0051　東京都千代田区神田神保町一丁目105番地 https://books.MdN.co.jp/
発売	株式会社インプレス 〒101-0051　東京都千代田区神田神保町一丁目105番地
印刷・製本	中央精版印刷株式会社

Printed in Japan

©2018 Kenji Shikida, Yoshinori Okazaki, Satoshi Kishi, Kengo Noumi. All rights reserved.

・本書は、著作権法上の保護を受けています。著作権者および株式会社エムディエヌコーポレーションとの書面による
　事前の同意なしに、本書の一部あるいは全部を無断で複写・複製、転記・転載することは禁止されています。
・定価はカバーに表示してあります。

[カスタマーセンター]

造本には万全を期しておりますが、万一、落丁・乱丁などがございましたら、
送料小社負担にてお取り替えいたします。お手数ですが、カスタマーセンターまでご返送ください。

● 落丁・乱丁本などのご返送先

〒101-0051
東京都千代田区神田神保町一丁目105番地
株式会社エムディエヌコーポレーション カスタマーセンター
TEL：03-4334-2915

● 書店・販売店のご注文受付

株式会社インプレス　受注センター
TEL：048-449-8040／FAX：048-449-8041

● 内容に関するお問い合わせ先

株式会社エムディエヌコーポレーション カスタマーセンター メール窓口

info@MdN.co.jp

本書の内容に関するご質問は、Eメールのみの受付となります。メールの件名は「コンテンツマーケティングの手法
88　質問係」、本文にはお使いのマシン環境（OS、バージョン、搭載メモリなど）をお書き添えください。電話や
FAX、郵便でのご質問にはお答えできません。ご質問の内容によりましては、しばらくお時間をいただく場合がござ
います。また、本書の範囲を超えるご質問に関しましてはお答えいたしかねますので、あらかじめご了承ください。

ISBN978-4-8443-6825-0　　C3055